THE ART & TEC
OF RETOUCHING

造像之术

职业修图师的商业摄影后期精修

实战篇

刘杨 著

人民邮电出版社

北京

图书在版编目（CIP）数据

造像之术：职业修图师的商业摄影后期精修. 实战
篇 / 刘杨 著. -- 北京：人民邮电出版社，2022.10
ISBN 978-7-115-59589-8

Ⅰ. ①造… Ⅱ. ①刘… Ⅲ. ①图像处理软件 Ⅳ.
①TP391.413

中国版本图书馆CIP数据核字(2022)第116201号

内 容 提 要

本书通过非常具体和完整的修图案例，对商业摄影领域比较常见的人像、空间、美食这三个较大题材的后期修图技巧与流程进行了详细介绍。其中，第一章~第五章，对人像摄影的后期进行了尤为细致的介绍，包括人像去油光、磨皮、补色调整，人像精修的常规流程，人物衣服、身形精修，人像照片的批量调整等知识及实战案例；第六章通过两个案例介绍空间修图的技巧；第七章和第八章通过两个综合案例介绍美食修图的技巧；第九章和第十章通过六个案例对果蔬、创意类产品的后期技巧进行了讲解。

本书是本系列"技法篇"的续作，将原理及修图思路融入实际修片当中，理论结合实际，帮助读者提高学习效率。具备一定的后期基础知识及经验常识能让本书的学习事半功倍。

本书内容全面，语言流畅，是笔者多年修图、教学经验的总结，适合摄影爱好者及想要从事专业摄影修图工作的人士阅读参考。

◆ 著 刘 杨
责任编辑 张 贞
责任印制 陈 犇
◆ 人民邮电出版社出版发行　北京市丰台区成寿寺路 11 号
邮编 100164　电子邮件 315@ptpress.com.cn
网址 https://www.ptpress.com.cn
中国电影出版社印刷厂印刷
◆ 开本：787×1092　1/16
印张：21.75　　　　　　2022 年 10 月第 1 版
字数：549 千字　　　　　2025 年 1 月北京第 4 次印刷

定价：168.80 元
读者服务热线：**(010)81055296**　印装质量热线：**(010)81055316**
反盗版热线：**(010)81055315**
广告经营许可证：京东市监广登字 20170147 号

序

FOREWORD

当今社会，人手一部高像素手机，里面安装着自动修图软件，不光是图片，连视频都可以即拍即修，甚至换脸。大家会疑惑：现在还有必要学修图吗？我会说，只是玩玩的修图，确实没必要学了。可以想见，未来的"傻瓜式"修图软件会越来越强大、便宜、快捷。但是，为什么要这么修？怎么做出与众不同又精彩绝伦的效果？怎么完成商业级的大型项目？这些问题并不会随着自动修图软件的升级消失，反而会越来越难，对修图师的要求也会越来越高。刘杨的此系列书就是在回答上述的这些更难的问题，培养可以应对挑战的商业修图师。

本身就是知名修图师和摄影师的刘杨，在站酷多年来一直致力于传播专业级修图的内核知识。本书同名的课程，深受业内人士认可并持续热销，数年以来通过对这门课程的学习，大批初学者成长为修图领域的中坚力量。

如果你有志成为视觉奇观的创作者、国际大片的制作者、审美潮流的引领者，本书会给你提供一个良好的学习路径。

站酷网总编辑

纪晓亮

前言
PREFACE

用像素的力量呈现更美的世界

平平淡淡十几年，很庆幸自己依然还在坚守当初选择的摄影行业。从前期到后期，从职场到教学，这份坚持源自内心的热爱。我喜欢在夜深人静的时候用手绘板"唰唰"地涂抹像素，喜欢挑战不同类别、不同需求的修图要求，喜欢接触不同风格的摄影师。因为修图，因为摄影，我接触到了很多当红明星、商界大佬、世界超模，也走出去看到了许多国内外的风景。回顾这十几年的摄影历程，我见证了行业的发展及变化，越来越多年轻的一代加入这个领域，创作自己的作品，而想要脱颖而出，技术与创新的追求缺一不可。

各行各业在这些年都在高速发展，作为一名在摄影后期领域深耕十几年的过来人，总是要花时间总结一些内容、经验，回馈给准备入行的新人或者需要提升工作技能的朋友们。为了帮助大家强化摄影后期的重点、难点知识与技术，我花了大量时间整理出了本系列书。书中内容由浅入深，包含了商业修图的核心知识，以及我多年积累的摄影后期修图经验，从软件工具的使用、后期修图思路，到具体实战案例的分析与实操，覆盖从理论到实践的全过程。

一路走来，感谢大家的支持与厚爱，写书这事说了很久，今天终于得以实现，希望可以帮助从业者和摄影后期爱好者更快速地了解整个商业摄影后期的核心技术，早日在职场大放异彩，实现自己的人生目标。

资源下载说明

本书附赠案例配套素材文件，扫描右侧二维码，关注"摄影客"微信公众号，回复本书51页左下角的5位数字，即可获得下载方式。资源下载过程中如有疑问，可通过客服邮箱与我们联系。

客服邮箱：songyuanyuan@ptpress.com.cn

扫一扫 学摄影

目录
CONTENTS

第一章

人像全方位精修技术

1.1 人物皮肤瑕疵修复　　　　　012

1.2 人物皮肤磨皮处理　　　　　016

1.3 人物肤色调整　　　　　　　022

1.4 人物初步液化塑型　　　　　024

1.5 人物皮肤丢色部分补色　　　026

1.6 人物面部精修　　　　　　　030

1.7 检查并修复画面的瑕疵　　　043

1.8 统一画面影调与色调　　　　047

1.9 添加杂色，让画质更协调统一　053

第二章

人像精修与流程分析

2.1 人像精修流程揭秘　　　　　060

2.2 人物皮肤瑕疵修复　　　　　063

2.3 双曲线磨皮与结构重塑　　　076

2.4 人物面部瑕疵修复　　　　　083

2.5 统一人物肤色　　　　　　　088

2.6 液化：五官及身材的优化　　092

第三章

人物衣服、身形精修

3.1 初步液化与双曲线去褶皱　　100

3.2 液化瑕疵修复　　　　　　　106

3.3 修复局部色彩失真问题　　　112

3.4 修复褶皱　　　　　　　　　113

3.5 靠近拼接线位置褶皱的修复　118

3.6 统一画面色调　　　　　　　130

3.7 最终调整　　　　　　　　　132

第四章

高调人像批量修饰

4.1 批处理素材文件　　　　　　138

4.2 单独检查并调整不协调的照片　143

4.3 对组图进行降噪处理　　　　147

4.4 在 Photoshop 中调整不协调的照片　149

4.5 照片的保存设定技巧　　　　159

第五章

暗调人像摄影后期修图技巧

5.1 暗调人像摄影后期修图案例 1　164

　　画面分析　　　　　　　　　165

　　借助 "Camera Raw 滤镜" 进行

　　基本调整　　　　　　　　　166

　　双曲线磨皮　　　　　　　　169

　　人物面部瑕疵修复　　　　　171

　　统一画面色调　　　　　　　172

5.2 暗调人像摄影后期修图案例 2　176

　　借助 "Camera Raw 滤镜" 进行

　　基本调整　　　　　　　　　176

　　照片瑕疵修复与简单磨皮　　179

　　统一画面色调　　　　　　　180

　　强化高光，让人物更立体、通透　186

第六章

空间摄影后期修图技巧

6.1 一般空间修图　　　　　　　192

　　照片 HDR 合成与基本调整　　194

　　统一画面色调　　　　　　　197

　　修复画面瑕疵　　　　　　　202

　　检查与修复画面漏洞　　　　205

　　输出前的设定：协调画面、锐化与

　　添加杂色　　　　　　　　　209

6.2 有特殊操作的空间修图　　　211

照片 HDR 合成与基本调整   213
通过合成解决局部影调问题   216
修复画面瑕疵   218
双曲线调整，让画面更干净   220
制作渐变，过渡不平整的墙面   222
统一画面色调   228
输出前的调整及设定   229

第七章

美食摄影后期修图技巧与流程

7.1 照片修图思路分析   236
7.2 在 ACR 中进行照片基本处理   237
7.3 素材照片合成   239
7.4 画面元素影调及色彩调整   243
7.5 画面瑕疵修复   249
7.6 对画面元素重新塑型   251
7.7 对画面进行查漏补缺   252
7.8 输出前的最终检查与锐化   258

第八章

美食摄影素材合成与精修

8.1 照片素材同步与基本调整   263
8.2 素材照片合成   265
8.3 背景线条精修   270
8.4 制作投影，营造立体感   276
8.5 追回阴影层次   281
8.6 检查瑕疵疏漏   284
8.7 统一色调并输出照片   285

第九章

果蔬摄影后期修图技巧

9.1 果蔬摄影后期修图案例 1   290
照片基本调整   291
表面瑕疵修复   292
恢复高光细节   293
9.2 果蔬摄影后期修图案例 2   297
照片基本调整   298
表面瑕疵修复   299
大面积瑕疵的粘贴修复   301
高光与阴影的明暗协调   305
9.3 果蔬摄影后期修图案例 3   310
照片基本调整   311
局部调色   312
表面瑕疵修复   314
局部偏色的校正   317

第十章

冰块创意摄影后期修图技巧

10.1 三张素材照片的 ACR 综合调整   320
第一张照片的综合调整   320
第二张照片的综合调整   323
第三张照片的综合调整   328
10.2 冰块创意摄影后期修图案例 1   330
10.3 冰块创意摄影后期修图案例 2   338
10.4 冰块创意摄影后期修图案例 3   344

CHAPTER ——— ONE

第一章

人像全方位
精修技术

本章我们将借助一个具体案例来介绍人像摄影修片技术的使用技巧，以及比较完整的人像摄影后期修片思路。

原片中人物面部比较暗，并且存在油光和丢色问题，如图1-1所示；环境的色彩饱和度较高，并且色彩比较杂乱；远处绿色的树叶与近处树干的颜色反差比较大，容易分散观者的注意力。

经过调整，可以看到绿色的树叶与树干色彩变得协调，画面整体更显干净，而且人物面部的油光也得到了很好的修复，皮肤变得非常柔和细腻，如图1-2所示。

图1-1

图1-2

1.1

人物皮肤瑕疵修复

这是张JPEG格式的照片，直接拖入Photoshop打开。

放大照片，定位到人物面部，可以看到除油光及丢色之外，人物面部
还有一些比较明显的瑕疵，如图1-3所示。可以借助"修补工具"或
"污点修复画笔工具"进行修复。

图1-3

按键盘上的Ctrl+J组合键复制一个图层，选择"修补工具"将比较明显的瑕疵框选，将瑕疵选区拖动到旁边比较光滑的皮肤位置，然后松开鼠标，可以将明显的瑕疵修掉，如图1-4~图1-6所示。

图1-4

图1-5

图1-6

对于人物面部中的中等大小的瑕疵，可以选择"污点修复画笔工具"进行修复，如图1-7所示。

定位到人物头发部位，可以看到有许多被光线照亮的乱发，同样可以借助"污点修复画笔工具"修复，如图1-8所示。

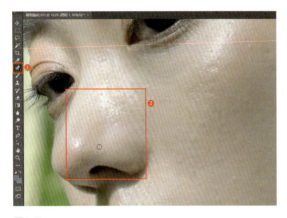

图1-7

图1-8

人物颈部的乱发，同样借助"污点修复画笔工具"进行修复，如图1-9和图1-10所示。

图1-9

图1-10

大比例放大照片，定位到颈部与头发结合的边缘位置，使用"污点修复工具"修掉乱发，如图1-11所示。

图1-11

人物颈部下方有一些皱纹，使用
"修补工具"进行修复，如图
1-12所示。

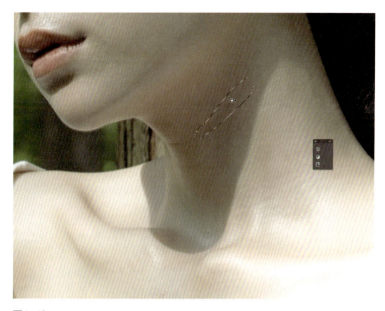

图1-12

观察此时的画面，可以发现人物的皮肤部分干净了很多，如图1-13所示。

图1-13

1.2

人物皮肤磨皮处理

接下来准备对人物进行磨皮处理。创建曲线调整图层，向上拖动曲线对画面进行提亮，再按键盘上的Ctrl+I组合键对蒙版进行反相，隐藏提亮效果，如图1-14所示。

创建渐变映射和曲线两个调整图层作为观察层。

图1-14

对于渐变映射这个观察层，将其设定为从黑到白的渐变，以将照片转为黑白状态，如图1-15所示。

对于曲线观察层，向下拖动曲线以压暗画面，这样可以更清晰地观察皮肤的明暗关系，如图1-16所示。

图1-15

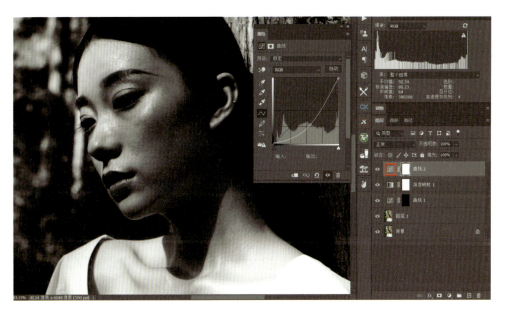

图1-16

之后在"图层"面板中单击提亮曲线的蒙版图标，在工具栏中选择"画笔工具"，"前景色"设为白色，"不透明度"降低为"10%"，缩小画笔直径在人物面部比较暗的区域涂抹，还原出提亮的效果。因为"不透明度"设置得比较低，所以我们的还原效果会比较轻柔，最终的还原效果也会比较自然，如图1-17所示。如果"不透明度"过高，还原的效果会比较生硬。

图1-17

在涂抹时要随时注意检查修改的效果，方法是按键盘上的Ctrl++（加号）组合键放大照片后，按住键盘上的空格键的同时，点击鼠标左键并点住画面拖动来检查人物面部，以便对明暗不匀的位置进行处理，如图1-18所示。

图1-18

擦拭比较暗的区域时，可以将"不透明度"稍稍提高一些，而对于轻度偏暗的区域，画笔"不透明度"值要低一些，并将画笔的"流量"降低到"10%"或"20%"左右进行涂抹，如图1-19所示。

对暗部位置涂抹还原后，对比调整前后的效果，可以发现人物面部的明暗关系明显变得更协调，之前那种凹凸不平的效果得到改善，如图1-20和图1-21所示。

图1-19

图1-20

图1-21

隐藏两个观察图层，可以看到人物面部的皮肤变好了很多。

在完成人物皮肤暗部的提亮处理后，创建新的曲线调整图层，向下拖动曲线压暗皮肤，然后按键盘上的 Ctrl+I组合键对蒙版进行反相处理，隐藏压暗效果，如图1-22所示。

这个新建的曲线调整图层主要用于压暗人物皮肤中那些比较明亮的区域。单击观察层前的眼睛图标使之可见，再次单击选中压暗曲线的蒙版图标，选择"画笔工具"，"前景色"设为白色，"不透明度"设为"10%"，"流量"设为"20%"，单击并按住鼠标左键在人物面部比较亮的高光部分进行涂抹，还原出压暗的效果，如图1-23所示。

图1-22

图1-23

对于鼻子中间比较亮的区域也要轻轻涂抹进行压暗，如图1-24所示。

除图中作标注的那些部分之外，我们还应该根据照片的实际情况对人物面部比较亮的位置进行涂抹压暗处理。

图1-24

处理完成之后，可以分别隐藏和显示出压暗"曲线"观察涂抹前后的效果。可以发现进行压暗之后，人物的皮肤变得更加平滑，如图1-25和图1-26所示。

这样，磨皮初步完成。

图1-25

图1-26

1.3
人物肤色调整

观察照片整体情况，可以发现左侧的绿色植物饱和度过高。实际上这类树叶部分主要的色彩成分是黄色与绿色，所以我们创建色相/饱和度调整图层来进行调整。选择"黄色通道"，降低黄色的"饱和度"，如图1-27所示。切换到"绿色通道"，降低绿色的"饱和度"，如图1-28所示。此时会发现画面中树叶部分饱和度低了很多，环境色彩趋于协调。

图1-27

图1-28

由于这张照片中人物皮肤也包含了大量黄色，因此我们对黄色饱和度的降低会影响到人物肤色。要解决这个问题，应先对色相/饱和度调整图层的蒙版进行反相（单击蒙版图标后按Ctrl+I组合键即可）隐藏调整效果后，在工具栏中选择"画笔工具"，"前景色"设为白色，"不透明度"及"流量"提到最高，再对绿色树叶部分进行擦拭，最终的调整效果如图1-29所示。

这样，这些调整效果就只会影响到绿色植物部分，而不会影响到人物皮肤部分。

图1-29

1.4

人物初步液化塑型

完成磨皮及环境色协调后，按键盘上的Ctrl+Shift+Alt+E组合键盖印图层，如图1-30所示。右键单击这个盖印的图层，在弹出的菜单中选择"转换为智能对象"，如图1-31所示，这样可以将盖印的图层转化为智能对象。

智能对象的优势是进行过滤镜调整后，我们可以随时对之前的调整进行修改。

下面来看具体的调整。点开"滤镜"菜单，选择"液化"，进入液化界面，如图1-32所示。

图1-30

图1-31

图1-32

在界面中选择"向前变形工具"，调大"画笔"直径，将人物后颈部弯曲的线条向内收一收，如图1-33所示。

图1-33

将人物头顶倾斜的头发部位稍稍向上拖动，使人物的头型显得更饱满一些，如图1-34所示。点住颈部向内拖动收缩，让人物颈部线条更平滑和修长，如图1-35所示。完成之后单击"确定"按钮返回。

图1-34

图1-35

1.5

人物皮肤丢色部分补色

点开"滤镜"菜单，选择"Camera Raw滤镜"，如图1-36所示，进入"Camera Raw滤镜"界面，对画面整体进行色彩和影调的调整。

图1-36

调整之前的人物肤色显得比较苍白，我们可以稍稍降低高光值并提高阴影值以缩小反差，而为了避免暗部发灰，还要稍稍减少一些黑色，再提高色温和色调值让人物的肤色显得健康红润，如图1-37所示。完成之后单击"确定"按钮返回，完成调整。

图1-37

此时观察人物面部，可以发现腮
骨和鼻子下方明显发灰，这表
示色彩丢失，即"丢色"，如图
1-38所示。

图1-38

对于这种丢色问题，我们可以使用曲线进行补色解决，但这里介绍的方法也非常好用，并且更简单一些。

单击"图层"面板下方的"创建新的空白图层"按钮，创建一个空白图层，然后在工具栏中选择"吸管工具"，操作鼠标在人物肤色比较健康、红润的部分点击左键取色，此时"前景色"会变为我们所吸取的颜色，如图1-39所示。

选择"画笔工具"，缩小画笔直径，操作鼠标在人物面部丢色的位置单击并按住左键涂上颜色，如图1-40所示。

图1-39

图1-40

涂色之后，原有的皮肤质感及纹理被遮挡。这时，我们将图层的"混合模式"改为"颜色"，适当降低"不透明度"，就可以看到恢复了原来皮肤的纹理（即质感），并且完成了对丢色位置的补色，效果还是比较理想的，如图1-41所示。

之后，再次选择"画笔工具"，对人物腮骨边缘的位置进行涂抹补色。如果感觉补色的效果过于强烈，那么可以再适当降低图层的不透明度，让补色的效果更协调自然，如图1-42所示。这样我们就完成了补色处理。

图1-41

图1-42

1.6

人物面部精修

观察人物的面部，可以发现左眉梢下方皮肤有些发亮，可以通过创建曲线调整图层进行压暗操作来处理。按Ctrl+I组合键反相蒙版，遮挡压暗效果，如图1-43所示。

选择"画笔工具"，"前景色"设为白色，降低"不透明度"，操作鼠标在眉梢发白的位置擦拭，还原出压暗的调整效果。

图1-43

此时，还可以看到人物双眼皮两条线的距离稍稍有些宽，不够秀气，可以通过移动像素来进行调整。

盖印图层，如图1-44所示。在工具栏中选择"套索工具"，勾选人物上眼睑部分，所勾选的区域如图1-45所示。勾选区域要包含双眼皮的一部分区域以及双眼皮上方大片皮肤区域。

图1-44

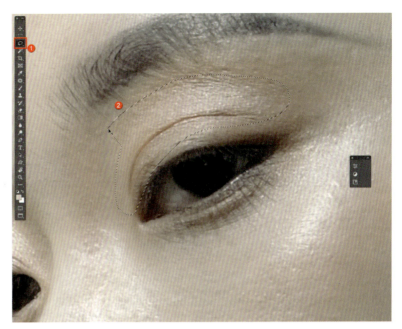
图1-45

之后，按键盘上的Ctrl+J组合键将选区内的部分提取出来保存为一个单独的图层，然后在工具栏中选择"移动工具"，单击鼠标左键点住复制出来的部分向下拖动，将双眼皮遮挡起来一部分，如图1-46所示。

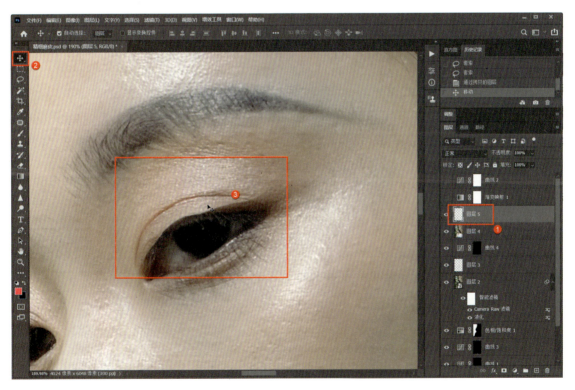
图1-46

为复制的部分添加一个图层蒙版，选择"画笔工具"，"前景色"设定为黑色，画笔"不透明度"提到最高，将盖住睫毛的区域擦掉，如图1-47所示。这样我们就完成了双眼皮距离缩短操作，可以看到效果还是比较理想的。

图1-47

图1-48

对另一只眼睛进行同样的操作。

即再次单击选中盖印的图层，如图1-48所示。

用"套索工具"选择框选另一只眼睛的眼睑部分，如图1-49所示。

图1-49

按Ctrl+J组合键将选区部分提取出来保存为单独的图层，如图1-50所示。

之后按照前文的方法向下移动这一部分，再添加图层蒙版，选择"画笔工具"，将遮挡睫毛的部分擦掉，我们就完成了这只眼睛的修复。

图1-50

放大人物眼睛，我们会发现依然存在一个明显的问题：人物的睫毛部分有些发灰，并且比较乱，显得不够秀气。我们可以通过手绘的方式，绘制一些睫毛，让人物的睫毛更漂亮。

再次创建一个空白图层，选择"吸管工具"，在人物睫毛上单击鼠标左键取色，可以看到所取颜色是深灰色，也就是睫毛的颜色，如图1-51所示。

如果我们使用手绘板进行修图，那么此时要单击界面上方选项栏中的"画笔压力工具"将其打开，然后再在人物的睫毛部分根据透视关系绘制睫毛，如图1-52所示。这样我们就完成了对眼睛部分的精修。

图1-51

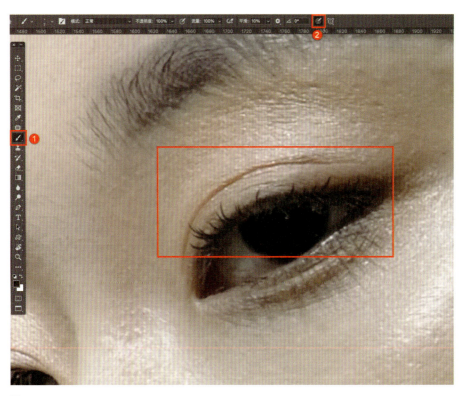

图1-52

按住键盘上的Ctrl键，逐一选中用于对两只眼睛进行修复的图层，如图1-53所示，然后单击鼠标右键，在弹出的快捷菜单中选择"合并图层"，将这些图层拼合起来变为图层7，如图1-54所示。

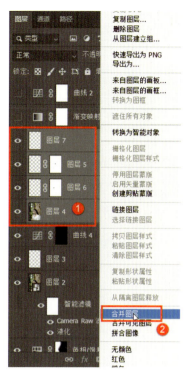

图1-53

图1-54

这里要注意，如果我们没有手绘板，而是使用鼠标进行睫毛的绘制，则需要先点开"窗口"菜单，选择"画笔设置"进行设置，如图1-55所示。

图1-55

在进行绘制之前，单击选项栏中的"画笔压力"这个按钮将其复原，如图1-56所示。在"画笔设置"面板左侧勾选"形状动态"，在右侧的选项当中将"控制"选项设定为"渐隐"。所谓"渐隐"，即初始绘制的部分比较粗，松开鼠标左键的位置会变细，在面板下方可以看到这种画笔的形状。"渐隐"选项右侧的数字代表所绘制的睫毛的长度，这个长度要根据照片的实际情况来设定。这张照片当中设定为66，效果是比较理想的。使用这种方法可以绘制出很逼真的睫毛。

睫毛绘制完毕之后，放大人物眼睛，会发现有一些睫毛比较乱，遮挡了黑眼球的部分。这时我们

图1-56

可以创建一个空白图层，选择"仿制图章工具"，借助于周边黑眼球的部分修掉杂乱的睫毛，如图1-57所示。

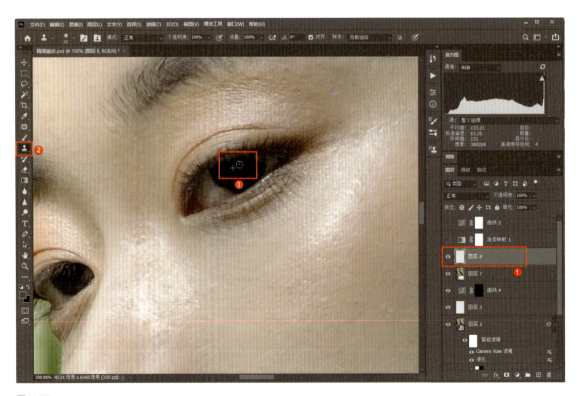

图1-57

此时，人物的眼神光是比较暗淡的，几乎不可见，使得人物显得没有神采。可以采用以下操作来解决。

创建一个曲线调整图层，向上拖动曲线大幅度提亮画面，如图1-58所示。

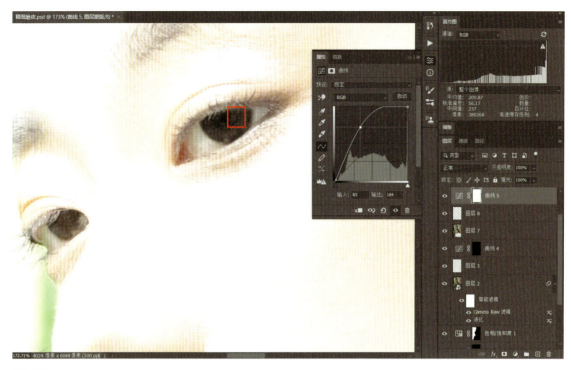

图1-58

对蒙版进行反相，选择"画笔工具"，"前景色"设为白色，在人物黑眼球上有眼神光的位置轻轻进行涂抹，还原出一些眼神光效果，如图1-59所示。要注意，对另外一只眼睛也要进行相同的处理，如图1-60所示。

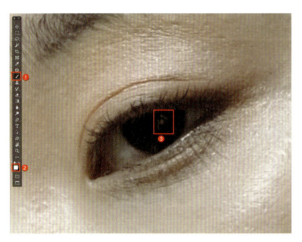

图1-59

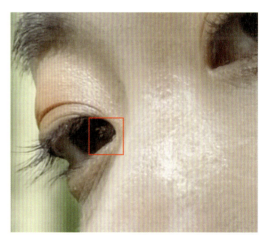

图1-60

因为画笔痕迹略显生硬，所以点开"滤镜"菜单，选择"高斯模糊"，在打开的"高斯模糊"对话框中对画笔的痕迹进行模糊操作，之后单击"确定"按钮，如图1-61所示。可以看到此时添加的眼神光效果是比较理想的。

图1-61

如果感觉眼神光效果过强，可以降低图层的"不透明度"，让眼神光显得更加自然，如图1-62所示。

图1-62

此时，对于眼睛的修饰已经比较理想了，如果要进一步强化眼睛的表现力，我们还可以在黑眼珠位置创建一些比较有意思的光影效果，让人物的眼睛显得更漂亮、更有神采。

创建一个空白图层，如图1-63所示。

图1-63

选择"圆形选框工具"，在人物黑眼球部分按住鼠标左键并拖动画出一个圆形的选区，如图1-64所示。

按键盘上的Alt+Delete组合键为选区填充黑色，如图1-65所示。

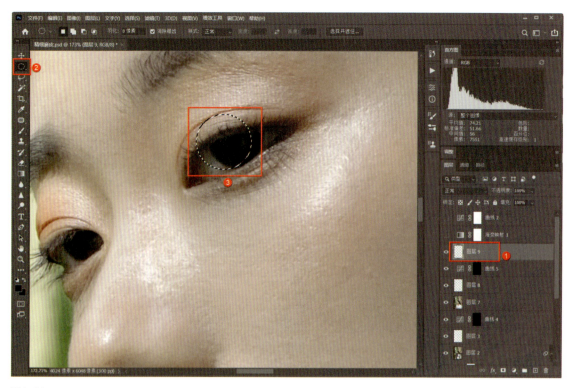

图1-64

图1-65

之后，按住键盘上Ctrl+J组合键再次复制一个黑色圆，然后按键盘上的Ctrl+I组合键将黑色反相变为白色，在工具栏中选择"移动工具"后用鼠标点住白色圆向上拖动，如图1-66所示。

按住Ctrl键单击该白色圆形，设置选区，如图1-67所示。

图1-66

图1-67

之后，隐藏上方的白色圆图层。单击选中下方的黑色圆图层，按键盘上的Delete键删掉选区内的黑色像素，这样黑色圆会变为黑色月牙，如图1-68所示。

将图层"不透明度"大幅度降低，可以看到这个月牙形成浅灰色的光斑效果，如图1-69所示。

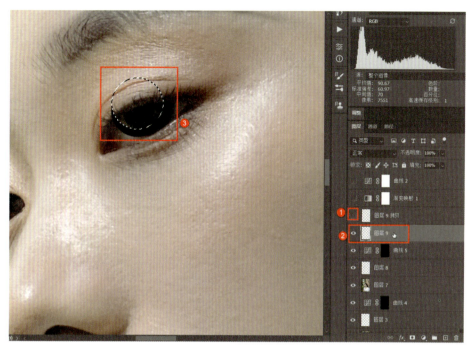

图1-68

图1-69

选择"移动工具",单击鼠标左键点住并拖动这个月牙将其移动到人物黑眼球的下方。

打开"高斯模糊"工具对这个月牙进行模糊处理,让其变为更柔和的光斑效果,如图1-70所示。

之后,为这个月牙创建图层蒙版,然后再次降低这个图层的不透明度并选择"渐变工具",对这个月牙光斑的两端进行渐变调整,让其自然地与黑眼球融合在一起,如图1-71所示。

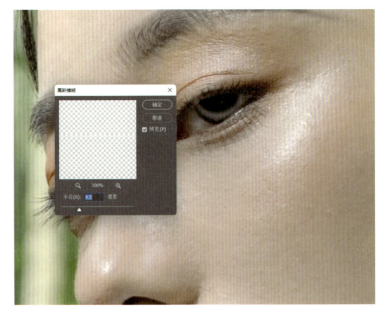

图1-70

按住键盘上的Alt键并按下鼠标左键点住月牙光斑进行拖动,可以复制出另一个月牙光斑,将复制出的月牙光斑拖动到另一只眼睛的黑眼球下方即可。

当然,也可以按照之前的方法为另外一只眼睛的黑眼球制作同样的光斑效果。

图1-71

1.7

检查并修复画面的瑕疵

此时观察画面，发现人物的鼻子部分仍有些高光太亮。因此再创建一个曲线调整图层，向下拖动曲线进行压暗处理，之后对曲线调整图层的蒙版进行反相，隐藏压暗效果。选择"画笔工具"，"前景色"设为白色，降低画笔的"不透明度"和"流量"，在人物鼻子部分进行擦拭，还原出这个区域的压暗效果，如图1-72所示。

图1-72

对于鼻子区域一些比较小的疙瘩，我们可以先创建一个空白图层，选择"仿制图章工具"，降低"不透明度"，在人物鼻子有疙瘩的部分进行修复。通过仿制图章的修复，可以弱化这些小疙瘩，让鼻子部分的皮肤显得更好一些，如图1-73所示。

实际上，对于人物油光比较重的区域，也可以使用这种方法进行修复，比如鼻子、额头及颈部等部位。如图1-74~图1-76所示。

图1-73

图1-74

图1-75

图1-76

之后，隐藏观察图层，显示出去油光之前的效果，如图1-77所示。再显示出去油光之后的效果，如图1-78所示，对比可以发现去油光之后的皮肤质感明显更好一些。

图1-77

图1-78

盖印图层，进入"液化"面板，如图1-79所示。对人物面部中不够圆润的位置进行调整，这里主要对人物右眼上眼睑部分稍稍有些突出的线条进行优化，如图1-80所示。

图1-79

图1-80

1.8

统一画面影调与色调

对于人物面部偏灰的区域，可以调整得红润一些。

具体操作是创建曲线调整图层，向下拖动蓝色和绿色的曲线，相当于为人物面部添加了一定的黄色及红色，于是肤色就会变红润，如图1-81所示。

对蒙版进行反相，隐藏调色效果。选择"画笔工具"，按住鼠标左键在人物面部偏黄和发灰的位置进行涂抹，让这部分的色彩与其他区域的色彩更加协调，让人物面部的肤色显得更加干净、更加红润。

图1-81

接下来解决人物头发周边大量乱发的问题。在人物头发外侧没有乱发的位置勾选一个区域，如图1-82所示。

图1-82

按Ctrl+J组合键将选区提取为一个单独的图层，如图1-83所示，为这个图层添加图层蒙版。

图1-83

选择"移动工具",单击并按住鼠标左键向内拖动这个没有乱发的区域,遮挡住大量乱发,并对图层蒙版进行反相,隐藏遮挡效果。选择"画笔工具","前景色"设定为白色,按住鼠标左键在有乱发的位置进行涂抹,将这些乱发遮挡起来,如图1-84所示。

对于背景中不太自然的位置,也可以用同样的方法进行遮挡和修复,如图1-85所示。

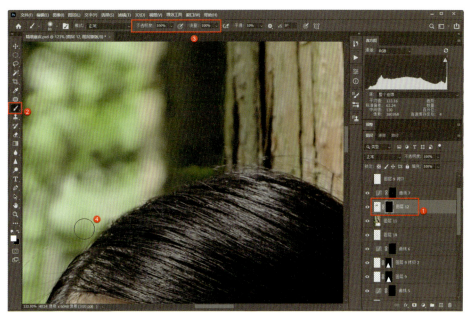

图1-84

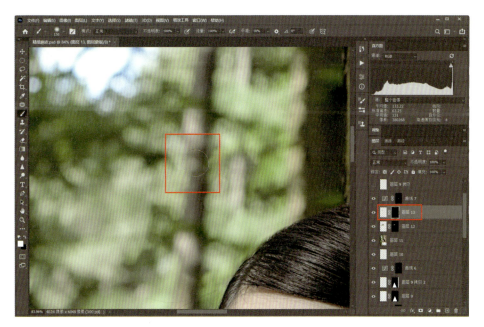

图1-85

按住Ctrl键并用鼠标单击选择盖印的图层以及上方两个修复图层，单击鼠标右键，在弹出的快捷菜单中选择"合并图层"，将这几个图层合并起来，如图1-86所示。

对于人物头顶上方右侧的乱发（如图1-87所示）用同样的方法进行遮挡。

图1-86   图1-87

这样，人物的乱发就被修掉了，画面会显得比较干净，如图1-88所示。

图1-88

人物上方的树皮部分红黄相间，色彩不是很干净。我们创建一个可选颜色调整图层，选择黄色通道，降低青色的比例，让树皮青色的部分变红一些，如图1-89所示。

图1-89

创建色相/饱和度调整图层，拖动色相滑块，让红色向黄色偏移一些，树皮部分色彩就变得干净起来，如图1-90所示。再降低红色的饱和度，可以看到树皮部分的效果就变得比较理想了。但是这种调整会对整个画面都产生较大影响，因此需要对蒙版进行反相，然后使用"画笔工具"再对树皮部分进行涂抹还原，确保调整的只是树皮部分。

再创建可选颜色调整图层，对画面整体进行协调。选择黄色通道，适当地减少青色，让整体画面显得更红润一些，如图1-91所示。

图1-90

图1-91

1.9

添加杂色，让画质更协调统一

盖印图层，如图1-92所示。

进入"Camera Raw滤镜"，适当提高"颗粒"值为
画面添加一点杂色，如图1-93所示，让照片画质更
统一。

图1-92

图1-93

背景当中有一片光斑比较碍眼，如图1-94所示。我们可以按照之前遮挡头发丝的方法，将这一部分遮挡起来，如图1-95所示。

这样我们就完成了对这张照片的调整。

图1-94

图1-95

按住键盘上Alt键并单击背景图层可以隐藏上方所有的调整图层，显示出原片效果，如图1-96所示，再单击一次即可显示出调整后的最终效果，如图1-97所示，从而进行修图前后的对比。

可以发现调整之后的照片画面更干净，特别是人物皮肤部分，肤色统一、协调、红润、健康，肤质平滑，并且非常细腻。

图1-96

图1-97

CHAPTER —— TWO

第二章

人像精修与
流程分析

本章介绍人像摄影后期修图的各种技巧，以及经过对人像摄影后期进行梳理所总结出的一套相对规范的流程。借助这个流程，初学者可以更有效率地学习，更快提高自己的人像摄影后期修图水平。

首先来看案例的原图及效果图。仔细观察我们会发现原图整体比较灰，并且人物五官及整体的身型都不够立体，人物皮肤也不够平滑，肤色不够干净和红润，如图2-1所示。修图之后，可以看到人物的五官更漂亮，形体更优美，并且人物的面部皮肤变得更为健康、光滑，如图2-2所示。

图2-1

图2-2

2.1

人像精修流程揭秘

将原始文件拖入Photoshop，会自动载入ACR。对于这张图片来说，实际上没有太多需要调整的内容，所以直接单击"打开"按钮，将图片在Photoshop中打开，如图2-3所示。

图2-3

这里我们已经对图片进行了详细的后期处理，可以看到有大量的图层或图层组。整个后期过程就是在这些图层和图层组上完成的。按住键盘上的Alt键并单击背景图层可以隐藏上方的所有图层和图层组，看到原始照片的效果，如图2-4所示。

继续按住Alt键单击背景图层，显示出上方的图层和图层组，可以看到调整后的照片效果，如图2-5所示，此时观察层则保持隐藏状态。

图2-4

图2-5

下面我们来分析这些图层和图层组中的内容。

首先是背景图层；背景图层上方是瑕疵修复图层，这里我们命名为瑕疵；再上方是db图层组，其中包含了liang和an这样两条双曲线磨皮图层，还包括liang拷贝和an拷贝两个曲线调整图层，如图2-6所示。

其中，liang和an这两个调整图层侧重于对人物面部那些凹凸不平的细节进行磨皮处理，让面部皮肤变得光滑，而双曲线结构组中的liang拷贝和an拷贝这两个调整图层则侧重于重塑人物面部的光影。

db图层组上方是五官图层组，如图2-7所示。在其中我们可以看到嘴巴、鼻子、眼睛眉毛等图层组。在这些图层组中可以对人物的五官进行特定的调整，具体调整内容要根据实际情况确定。本章的图片当中，我们只需要对以上项目进行调整即可，没有必要对耳朵进行大幅度的调整。

肤色图层组主要用于对人物的肤色进行修饰和优化，如图2-8所示。

液化图层组主要用于对人物的面部五官和身材进行液化处理，如图2-9所示，实现修身塑形及美化五官等效果。

图2-6

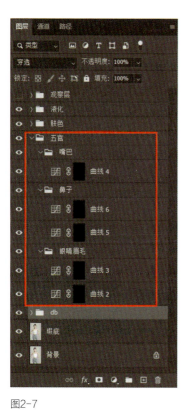

图2-7

图2-8

图2-9

最上方的是观察层，如图2-10所示，这个比较简单，我在本系列书的"技巧篇"中介绍过。

我们将对人物进行精修的各种功能放到了不同的图层组当中，基本的调整顺序也是根据这些图层组排列顺序自下向上进行的，这是人像修图一个比较标准的流程。当然有一些操作可能没有包含进来，有一些操作可能没有必要执行，但整体的思路是本案例所介绍的这样，我们要再根据不同的图片来灵活运用。

这种流程有利于初学者学习和记忆，能帮助我们快速掌握人像摄影后期的全方位技巧。

图2-10

2.2

人物皮肤瑕疵修复

首先，我们将上方的所有图层和图层组全部删除，再重新建立这些图层和图层组，如图2-11所示。也就是说只是建立了对应的图层组，并在图层组中建立了对应的调整图层，并没有进行任何的实际处理。

这时画面显示的依然是没有处理的原图。后续我们还会再创建一些调整图层，届时将它们放到对应的图层组当中即可。

瑕疵图层，即通过直接复制背景图层得到，在进行瑕疵修复之前，与背景图层完全一样。具体处理时，我们需要借助工具栏中的"修补工具""污点修复画笔工具"等对人物面部及其他部位皮肤上比较明显的瑕疵进行修复。

借助于"修补工具"勾选额头上比较明显的瑕疵，勾选后点住鼠标左键并向正常皮肤一侧的区域拖动，之后松开鼠标左键，即完成了这个瑕疵的修复过程。

图2-11

对于人物颈部的乱发，使用"修补工具"将其勾选后修掉，如图2-12所示。对于人物腋窝部分的深色毛孔，同样借助于各种修复工具进行修复，以便让人物的腋窝部分皮肤变得更加光滑，如图2-13所示。

图2-12

图2-13

修复瑕疵时，我们需要放大照片，对人物各处皮肤进行检查。手指部分的指关节上，一些比较重的皱纹也可以借助于"修补工具"进行适当的弱化和修复，如图2-14所示。

图2-14

对人物皮肤的明显瑕疵进行修补后，可以看到背景当中有一些地方比较脏，也需要进行一定的修复。

首先，借助于"魔棒工具""快速选择工具"等将主体人物部分选取出来，如图2-15所示。

按Ctrl+Shift+I组合键进行反选，然后打开"羽化选区"对话框，设定"羽化半径"为2，单击"确定"按钮，对选区进行羽化，如图2-16所示。

图2-15

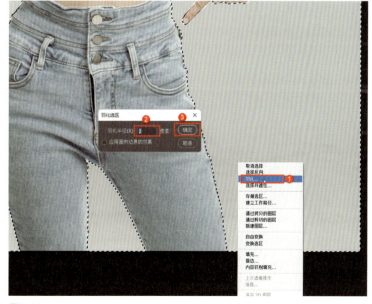

图2-16

创建空白图层，在工具栏中选择"吸管工具"，在背景当中没有污点的位置单击鼠标左键"取色"，如图2-17所示。

选择"画笔工具"，将"不透明度"调到"50%"左右，在背景有污渍的位置上单击并按住鼠标左键进行涂抹，将这些污渍遮掉，如图2-18所示。这样做可以让背景更干净。

图2-17

图2-18

有一些污渍可能不是太明显，因此我们要创建一个曲线调整图层，向下拖动曲线，以便观察。这时可以看到人物左侧有一些比较明显的污渍，如图2-19所示。

在"图层"面板中单击选中"修瑕疵"这个图层，在工具栏中选择"修补工具"，将这些污渍勾选并修掉，如图2-20所示。

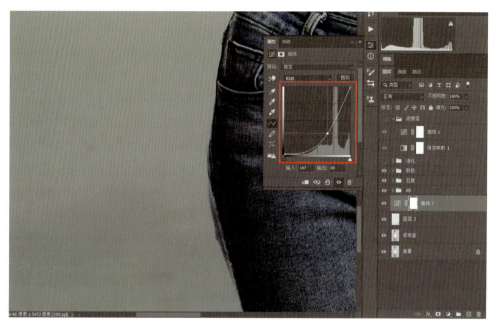

图2-19

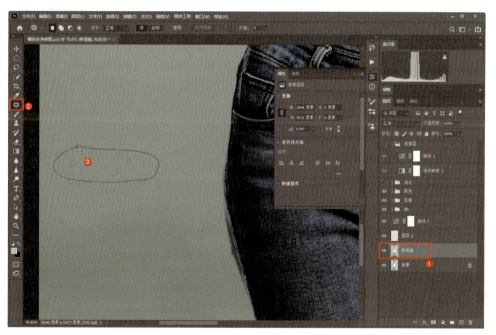

图2-20

放大照片，可以看到人物头部外侧有很多乱发，如图2-21所示，借助"修补工具"将这些乱发修掉，如图2-22所示。

图2-21

图2-22

对于人物头部上方过多乱发的区域，实际上也可以用之前我们曾经介绍过的遮挡的方式进行修复。

在工具栏中选择"套索工具"，勾选人物头部上方大片没有乱发的区域，如图2-23所示，然后按Ctrl+J组合键将勾选的区域提取出来保存为一个单独的图层。选择"移动工具"，将提取出的没有乱发的区域向人物方向拖动，遮挡住人物的乱发，并为复制的这片区域添加一个图层蒙版，如图2-24所示。

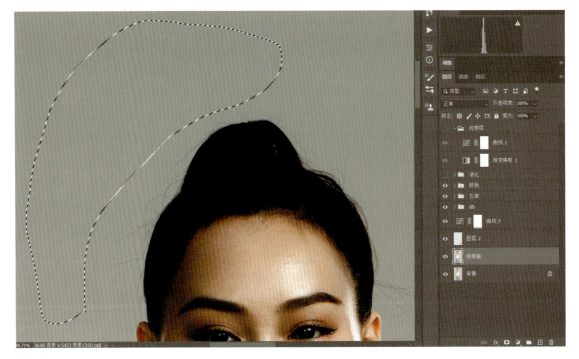

图2-23

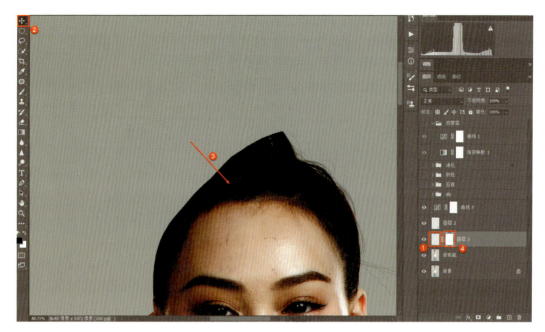

图2-24

按键盘上的Ctrl+I组合键将蒙版反相，将复制的区域隐藏起来，如图2-25所示。

在工具栏中选择"画笔工具"，"前景色"设定为白色，设定"不透明度"为"100%"，缩小画笔直径，在人物乱发位置进行涂抹，还原出遮挡效果，这样，复制的背景像素就遮挡住了周边的乱发。

图2-25

之后在人物头部的右上方勾选没有乱发的区域，按照相同方法将头部右上方的乱发遮挡住，这样我们就完成了对乱发的处理，如图2-26和图2-27所示。

图2-26

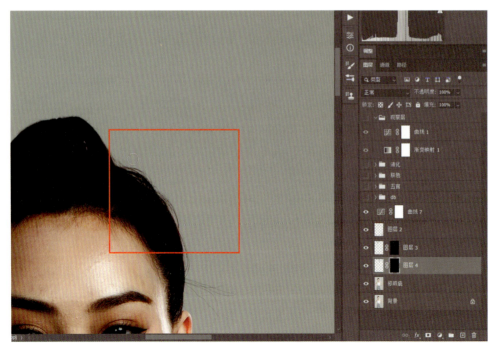

图2-27

对于人物受光线照射的一些乱发，可以选择"污点修复画笔工具"，按住鼠标左键并拖动，将这些乱发修掉，如图2-28所示。

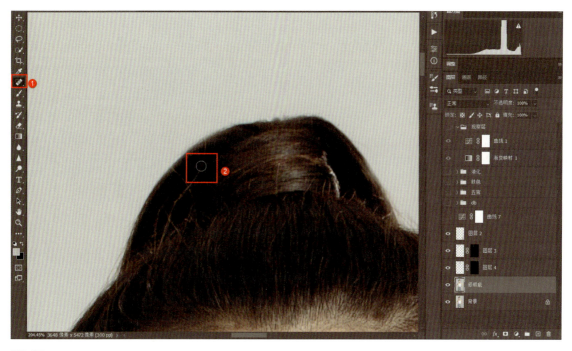

图2-28

对于人物面部比较小的疙瘩，可以选择"仿制图章工具"，将画笔直径设置得稍微大一些，再适当降低画笔的不透明度，以对这些小疙瘩进行适当修补，让这些区域与周边正常皮肤过渡平滑，如图2-29所示。这相当于弱化了这些疙瘩的干扰。

对于人物颈部的皱纹，同样使用"修补工具"将其修掉，如图2-30所示。

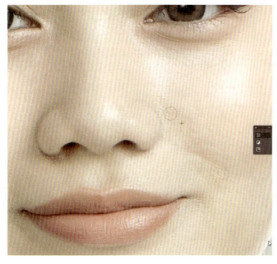

图2-29

图2-30

因为开始的时候我们没有在ACR中进行处理，可以看到人物的上衣有轻微过曝的问题，细节不够丰富，如图2-31所示。

按键盘上的Ctrl+J组合键复制修瑕疵图层，进入"Camera Raw滤镜"，降低"曝光值"，大幅度降低"高光值"，降低"白色"值，这样可以压暗人物的上衣，让这部分恢复出更多的细节，如图2-32所示。

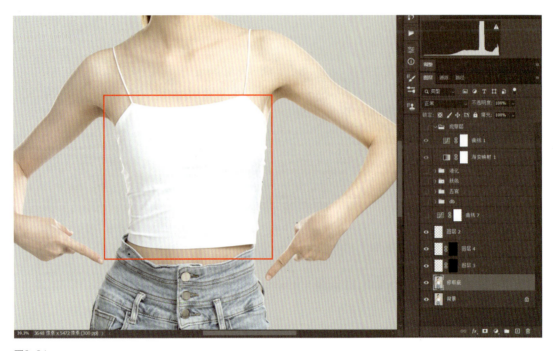

图2-31

图2-32

人物的上衣部分还有一些发青、发蓝，因此我们要切换到"混色器"面板，并切换到"饱和度"子面板，降低浅绿色和蓝色的饱和度，确保人物上衣部分色彩正常，如图2-33所示。然后单击"确定"按钮返回。

借助于"选择工具"将人物的上衣部分选择出来。

为降低高光与调色的这个图层创建一个图层蒙版。因为这个图层中存在选区，所以创建的蒙版只有选区内的部分是白色，处于显示状态；而选区之外的区域会变为黑色，被遮挡起来，如图2-34所示。

这样，就还原出了调过细节和色彩后的上衣部分。如果感觉上衣部分压得太暗，那么我们可以适当降低这个图层的"不透明度"，让效果更自然一些。这样我们就完成了人物皮肤以及衣服的修复。

图2-33

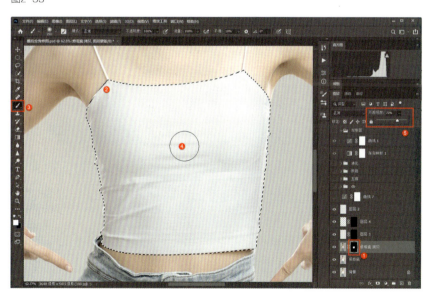

图2-34

按住键盘上的Ctrl键，分别单击鼠标左键选中修瑕疵及其上方的所有相关的图层，然后单击鼠标右键，在弹出的快捷菜单中选择"合并图层"，将这些图层合并起来，如图2-35所示。

将修瑕疵这个图层重新命名为瑕疵，如图2-36所示。再次检查画面，对于人物上衣比较明显的褶皱，使用"修补工具"将其修复。

图2-35

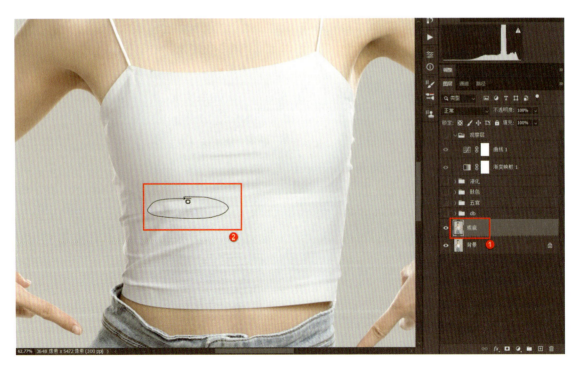

图2-36

完成之后，隐藏瑕疵这个图层，可以看到修瑕疵之前的画面效果，如图2-37所示；再显示出瑕疵这个图层，观察修瑕疵之后的效果，如图2-38所示。可以看到虽然还没有进行磨皮处理，但是修瑕疵之后的画面明显干净很多，并且人物衣服部分的细节也更完整。

图2-37

图2-38

2.3

双曲线磨皮与结构重塑

接下来准备进行磨皮处理，磨皮主要借助于双曲线进行。

首先我们点开db图层组，展开双曲线磨皮图层组，在其中创建两个曲线调整图层。分别反相这两个曲线调整图层的蒙版，并分别命名为an和liang。

an这个曲线调整图层用于压暗人物面部比较亮的区域，如图2-39所示；liang这个曲线调整图层主要用于提亮人物面部比较暗的一些区域。通过这两个曲线调整图层，可以修复人物面部凹凸不平的部分，实现磨皮效果。

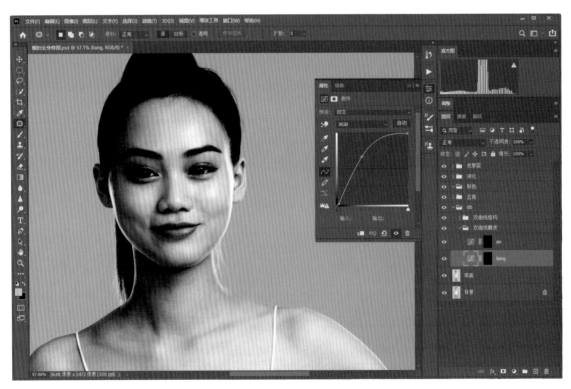

图2-39

单击选中liang这个图层蒙版，如图2-40所示。在工具栏中选择"画笔工具"，设定"前景色"为白色，降低"不透明度"和"流量"到"10%"左右，并在人物面部找到比较暗的位置，如皱纹等，如图2-41所示。按住鼠标左键并拖动，在这些偏暗的位置进行涂抹，通过涂抹可以还原出提亮的效果。

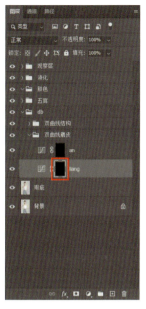

图2-40

图2-41

放大照片并定位到不同位置，可以看到需要我们进行提亮的部位还是比较多的。如嘴唇一侧的皱纹、颈部一些发黑的区域，如图2-42和图2-43所示。

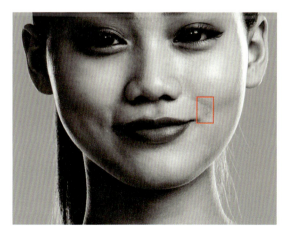

图2-42

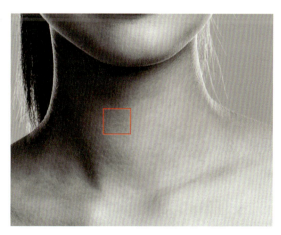

图2-43

还有腋窝上方的暗部区域、手的一些区域等，如图2-44和图2-45所示。对需要提亮的区域进行擦拭之后，这些区域就会变为正常亮度。

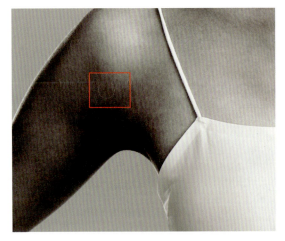

图2-44

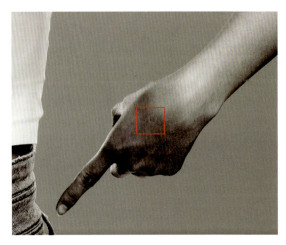

图2-45

单击选中an这个调整图层的蒙版图标，如图2-46所示，在工具栏中选择"画笔工具"，画笔的设定保持之前的设定，并在人物皮肤部分找到那些比较亮的位置。在这些位置上进行擦拭，还原出这些位置的压暗效果，如图2-47所示。

图2-46

图2-47

上述分别提亮和压暗的操作，便是双曲线磨皮的操作要点。

在双曲线磨皮过程中，我们会发现一些修瑕疵时漏掉的区域。这时我们还可以在"图层"面板当中单击选中瑕疵这个图层，如图2-48所示，然后借助于"仿制图章工具""修补工具"等对人物面部存在的瑕疵再次进行修复。

比如鼻孔下方如图2-49所示的这个位置，我们就可以借助"仿制图章工具"进行一定的修复。

图2-48

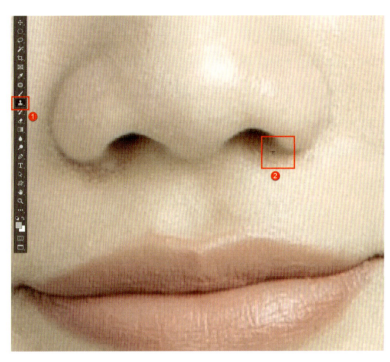

图2-49

至此，我们就完成了双曲线磨皮的操作。

对比磨皮前后的画面，可以看到磨皮之前人物的面部皮肤不够平滑，如图2-50所示；磨皮之后人物的皮肤显得更加光滑细腻，如图2-51所示。

图2-50

图2-51

这里要注意，在尚未开始磨皮，刚建立liang和an这两个双曲线调整图层后，要将这两个图层复制一份，并将复制的图层拖动到双曲线结构这个图层组中，以用于对人物面部光影的重塑。

我们展开双曲线结构这个图层组，可以看到an拷贝和liang拷贝这两个调整图层，如图2-52所示。这两条曲线主要用于对人物面部光影进行重塑。

如果说双曲线磨皮是从细节上调整皮肤光滑度，双曲线结构则是对人物面部的光影进行调整，让人物面部更具立体感。其过程与磨皮基本一致，但调整的面积往往更大，让受光线照射的区域亮一点，让背光处暗一些，让明暗结合处亮度适中。

观察人物面部，可以看到标出的这些位置应该要再暗一些，这样才能强化出光影效果。

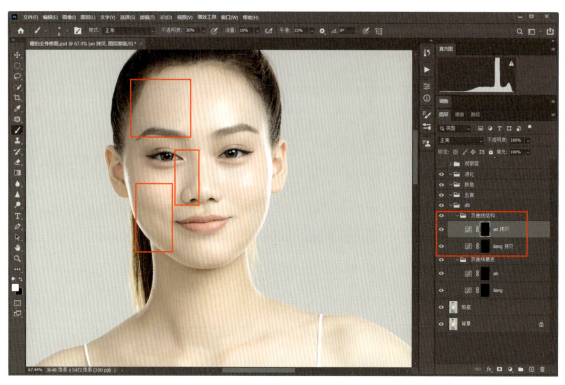

图2-52

单击选中an拷贝的蒙版图标，选择"画笔工具"，设定"前景色"为白色，降低画笔的"不透明度"和"流量"，按住鼠标左键并拖动，在鼻子背光的一侧涂抹，让整个阴影效果更明显一些。

可以看到画笔直径是比较大的，这是因为我们要调整的是光影效果，如图2-53所示。对于鼻子另外一侧，有一些过亮的位置，同样也需要适当地轻轻涂抹一下，让人物的鼻子显得更挺拔，如图2-54所示。

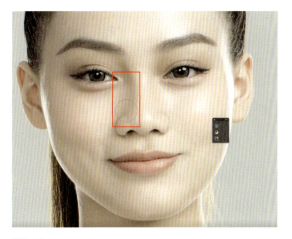

图2-53

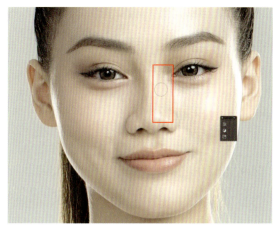

图2-54

对于人物右脸这个区域，同样压暗一些，如图2-55所示。

接下来，我们再单击选中liang拷贝这个调整图层的蒙版图标，如图2-56所示，查找照片当中应该提亮的位置。

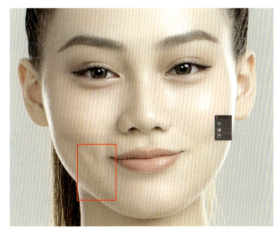

图2-55

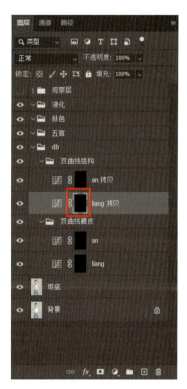

图2-56

比如鼻孔外侧这个非常深的线条，要对它进行提亮，缩小画笔直径涂抹即可，如图2-57所示。

可以看到提亮之后，人物的皮肤变得更干净了，如图2-58所示。

图2-57

图2-58

显示出观察层，检查人物颈部及肩部区域，对这些区域进行适当提亮或压暗处理，让人物显得更立体。

如图2-59所示，此处显示的是对人物锁骨下方的阴影进行适当的优化，以免由于锁骨位置过于凹凸不平显得不够干净。

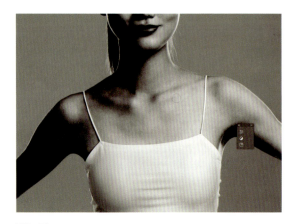

图2-59

除皮肤部分之外，对于衣服，特别是牛仔裤部分也要适当强化光影效果。即对受光面提亮，背光面压暗，如图2-60和图2-61所示。

经过调整，人物的牛仔裤部分明显更立体了。

图2-60

图2-61

最后我们对比人物光影重塑之前（图2-62）和之后的效果（图2-63），可以看到光影重塑后画面显得更立体了。

图2-62

图2-63

2.4

人物面部瑕疵修复

完成上述调整后，接下来我们进入五官图层组。

首先切换到眼睛眉毛这个图层组，可以看到当中有两个曲线调整图层，一个用于提亮，如图2-64所示，另一个用于压暗，如图2-65所示。

图2-64

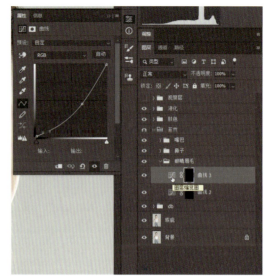
图2-65

人物右侧眉梢有些粗，要想制作出渐隐的感觉，可以使用提亮曲线，对眉梢位置进行提亮，如图2-66所示。左侧的眉梢部分看起来比较突兀，需要延伸出末梢渐隐的感觉，因此就需要使用压暗曲线对眉毛末梢位置进行延伸，如图2-67所示。

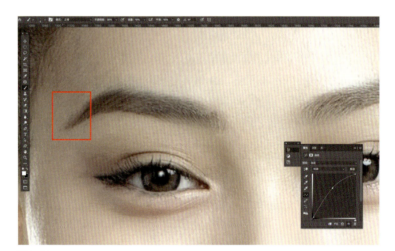
图2-66

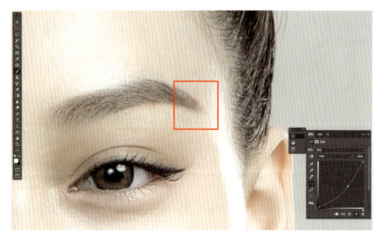
图2-67

人物两只眼睛的眼白部分都出现
了睫毛干扰的问题，因此我们单
击选中瑕疵这个图层，借助"仿
制图章工具"将这些干扰的睫毛
修掉，如图2-68所示。对另外一
只眼睛也进行同样的处理，最终
效果如图2-69所示。

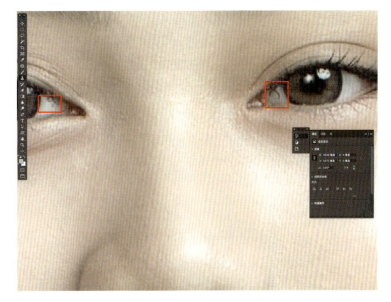

图2-68

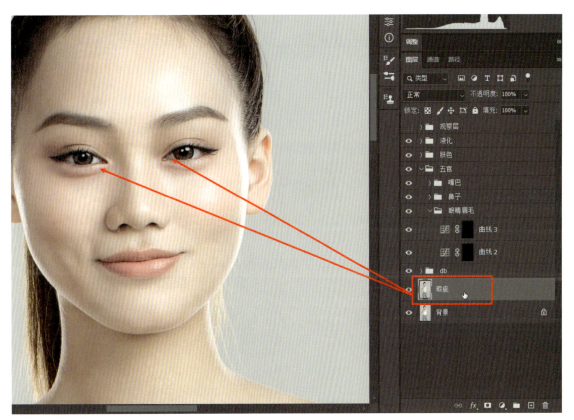

图2-69

也就是说我们在后续对面部进行各种精修时，如果发现了瑕疵问题，还要随时切换到瑕疵图层对这些区域进行修复。每一个修片环节并不是一成不变和孤立的，可能要来回在不同的图层上切换和调整，修掉之前操作的一些疏漏。当然，这里有一个前提条件，就是我们对各图层的分布比较熟悉，由此也就可以知道对各调整图层、像素图层进行合理命名的重要性。

比如说我们修完瑕疵之后，放大照片可以看到人物的下嘴唇下边有一块区域妆容不是很好，有些发白，如图2-70所示。此时可以返回到五官图层组，

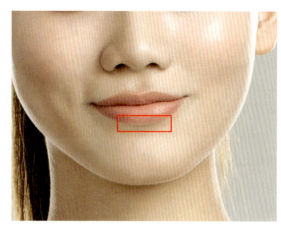

图2-70

展开嘴巴这个图层组，创建曲线调整图层，适当降低青色和蓝色这两条色彩曲线，相当于添加红色和黄色。具体操作是向下拖动RGB曲线进行压暗，让发白的位置与正常唇色匹配和协调起来。对于嘴唇的颜色来说，一般都是要添加黄色和红色。设定好曲线之后，选择"画笔工具"，设定"前景色"为白色，再缩小画笔直径，按住鼠标左键并拖动，在嘴唇下方发白的位置上涂抹，就可以还原出嘴唇下方的补色和修复，如图2-71所示。

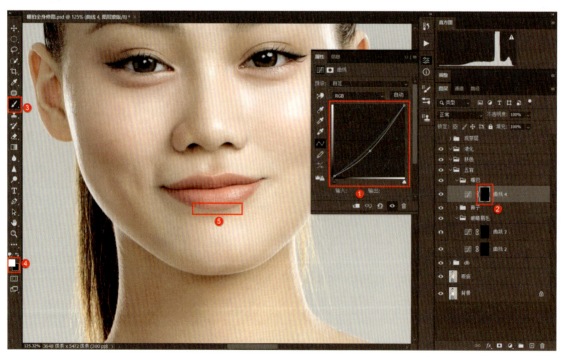

图2-71

图2-72

图2-73

对于鼻子部分,我们展开鼻子这个图层组,如图2-72所示,通过明暗调整对鼻子进行优化。通过轻微的调整,可以看到调整后人物的鼻子显得窄了一些,鼻梁显得更挺拔,让人物显得更秀气,如图2-73所示。

至于具体的压暗与提亮操作,这里就不再赘述,因为大家已经比较熟悉了。

图2-74

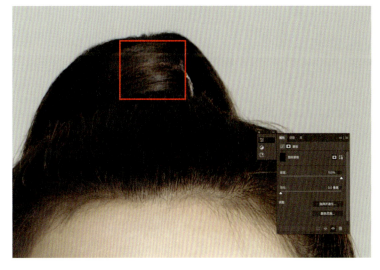

图2-75

放大照片,我们发现人物头顶的头发有一些发灰,不够黑。这时可以展开双曲线结构图层组,单击选中压暗曲线的an拷贝图层蒙版,如图2-74所示。选中"画笔工具"后在人物头发发灰的位置进行涂抹,将这个部位还原出压暗效果,如图2-75所示。这也是一种进行补漏的操作。

2.5

统一人物肤色

至此，对于人物的皮肤瑕疵修复、磨皮、光影重塑以及五官精修等处理就大致完成了。接下来，我们对人物的肤色进行检查，隐藏观察层图层组中的渐变映射观察层，让照片变为彩色状态，由于此时的照片反差比较高，有利于观察照片中的偏色问题。

可以看到图片中大部分皮肤区域是偏黄的色调，而且人物右胳膊显得偏红一些，如图2-76所示。

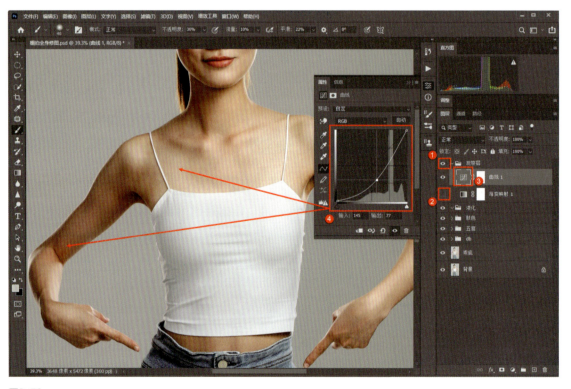

图2-76

创建色相/饱和度调整图层。因为我们修复的是胳膊附近的红色，因此选择红色通道，将色相滑块拖动到最右侧，可以看到胳膊部分出现了明显的偏色；缩短下方的色条中的红色辐射区域，可以看到偏色的区域会缩小，变得更精确，主要覆盖胳膊部分以及面部上嘴唇及脸颊等，如图2-77所示。

之后，我们向回拖动色相滑块，一般拖动到5左右，即可将人物胳膊位置的肤色调整为与其他部分肤色比较协调。然后，按Ctrl+I组合键反相这个色相/饱和度调整图层的蒙版，隐藏调色效果，如图2-78所示。

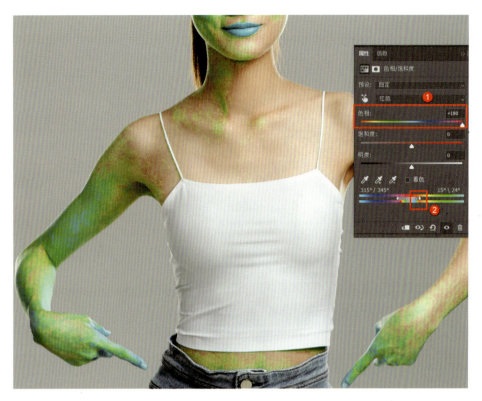

图2-77

图2-78

关掉观察层图层，选择"画笔工具"，"前景色"设定为白色，按住鼠标左键并拖动，在人物胳膊位置进行涂抹，将胳膊的调色效果显示出来。可以看到胳膊部分与其他部分的肤色趋于一致，如图2-79所示。

人物背光一侧的脸颊也有明显偏红的问题，也可以在这个位置进行涂抹和还原，让这部分的色彩也趋于正常，如图2-80所示，这样我们就完成了人物肤色的调整。

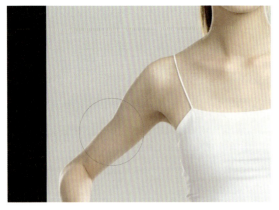

图2-79

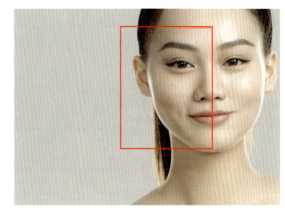

图2-80

人物的酒窝位置有些偏暗，会影响皮肤的表现力。我们再次展开双曲线结构这个图层组，在其中单击选中liang拷贝图层的蒙版图标，选择"画笔工具"，降低画笔的"不透明度"和"流量"，在这个位置进行涂抹擦拭，还原出提亮效果，让人物的皮肤更平滑，如图2-81所示。

图2-81

此时，可以看到人物的肤色整体稍稍有些发灰。创建可选颜色调整图层，选择红色通道，稍稍增加青色，这相当于降低人物肤色当中的红色，如图2-82所示。再选择黄色通道，稍稍降低黄色，避免人物肤色偏黄，如图2-83所示。

通过以上的可选颜色调整，我们将人物的肤色调整得更为白皙红润。

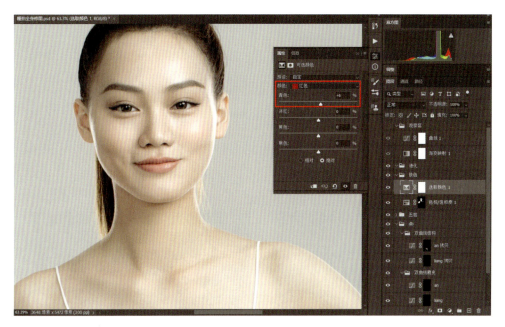

图2-82

图2-83

2.6

液化：五官及身材的优化

接下来我们对人物进行液化处理。

单击选中肤色图层组，然后按键盘上的Ctrl+Shift+Alt+I组合键盖印图层，如图2-84所示。此时这个盖印图层是单独存在的，在这个图层上按下鼠标左键将其拖动到"液化"图层组上，然后松开鼠标，可以看到这个盖印图层就移动到了"液化"图层组中，如图2-85所示。

图2-84

图2-85

右键单击这个盖印图层，如图
2-86所示，在弹出的菜单中选择
"转换为智能对象"，如图2-87
所示，将这个盖印图层转化为智
能对象。智能对象的优势比较明
显，即对其进行过滤镜处理后，
还可以随时进行修改。

进入"液化"面板，在其中对人
物的脸部形状进行优化，主要是
缩小脸部宽度，适当向上收缩下
颌，收窄前额的宽度。通过这些
调整可让人物面部显得更精致和
秀气，如图2-88所示。

图2-86

图2-87

图2-88

选择"向前变形工具"，对于人物头发顶部不够饱满的位置，点住鼠标左键并向外推动，让这些区域显得更饱满，如图2-89所示。

图2-89

对于人物衣服比较突出的褶皱边缘，缩小画笔直径并按住鼠标左键拖动将其向内收缩，让这个区域的线条更平滑，如图2-90和图2-91所示。

图2-90

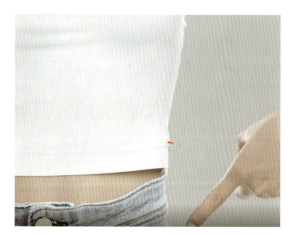

图2-91

调整完成后单击"确定"按钮返回，此时对比调整前后的效果，可以看到人物的线条更为平滑流畅，如图2-92所示。

图2-92

隐藏观察层图层组，我们就完成了对这张图片的所有修图操作。最后将照片保存为PSD格式即可。

图2-93显示的是我们对这张图片进行处理的所有图层和图层组，处理过程是按照这些图层自下向上的顺序进行的，这也是人像摄影后期精修的常用流程。

某些图片可能会包含更多的步骤和操作，而另外一些图片的后期过程会少一些操作步骤，但总的来说，人像后期流程基本就是这个案例所介绍的内容。

图2-93

第三章

人物衣服、
身形精修

本章我们通过一个具体案例来介绍如何对人物的身形和衣服进行精修。大多数情况下，照片中人物的衣服上会有大量的褶皱或压痕，这是无法避免的。这就需要我们在后期中对其进行合理的修复操作，让人物的身形最终变得修长好看，让衣服看起来更为干净流畅。

下面通过具体的案例来进行介绍。

看原图与效果图。原图中人物衣服部分的褶皱非常明显，如图3-1所示，从效果图来看，如图3-2所示，我们对于这张照片人物的面部皮肤等没有进行过多的修饰，对衣服部分的褶皱却进行了很大幅度的精修，让人物的衣服部分达到了非常完美的效果，之后还对画面环境进行了适当的调整，让画面看起来更加干净。

图3-1   图3-2

3.1

初步液化与双曲线去褶皱

在Photoshop当中打开照片，按键盘上的Ctrl+J组合键复制一个图层出来，如图3-3所示。

图3-3

对这张照片，我们主要需要进行的是人物身材的优化以及衣服褶皱的处理。

首先调整人物的身材。进入"液化"面板，在其中选择"向前变形工具"并放大画笔直径，按住鼠标左键并拖动，向内收缩人物的腰部，让人物的身形变得瘦一些，如图3-4所示。

对于人物周身一些凸起的部分，也要适当向内收缩，如图3-5所示。

收缩时画笔压力不要太大，以避免线条出现扭曲，变得不够平滑。要让人物边缘的线条非常流畅，整体上又呈现出苗条的感觉，如图3-6所示。

图3-4

图3-5

图3-6

之后，缩小画笔直径，再对于人物衣服上那些弧度比较大的线条进行调整，让这种弯曲的线条变得平滑流畅，如图3-7所示，这样画面整体的效果会更好一些。

图3-7

接下来我们准备对人物衣服上的褶皱进行处理。

首先创建渐变映射观察图层，将照片转为黑白状态，如图3-8所示。

观察照片，可以看到明暗关系是比较清晰的，所以我们不需要再创建曲线观察图层。

直接创建一个用于提亮的曲线调整图层，向上拖动曲线进行提亮操作，之后按键盘上的Ctrl+I组合键将蒙版反相，隐藏提亮效果。

图3-8

首先处理的是人物肚子部分。可以看到因为光影关系的问题，人物肚子有一种凸起的感觉，会让人显得肥胖。要让这种凸起的感觉消失，就需要提亮小肚子下方的暗部区域，并且适当压暗小肚子部分受光的区域，从而修复这种凸起的感觉。先来提亮阴影部分，选择"画笔工具"，"前景色"设定为白色，用低不透明度的画笔，随时缩小或放大画笔直径，按住鼠标左键并拖动，反复涂抹小肚子下方背光的阴影部分，如图3-9所示。

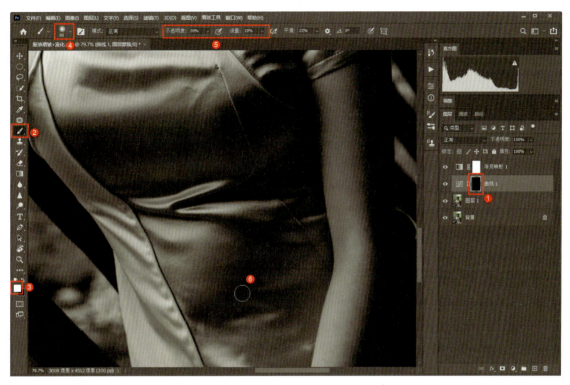

图3-9

这里要注意，没有必要将暗部提到与亮部完全一样的亮度，因为我们还会再创建一条用于压暗的曲线。将创建好的用于压暗的曲线的蒙版反相，遮挡压暗效果，如图3-10所示。再用"画笔工具"对高亮的部分进行压暗，如图3-11所示。

经过提亮和压暗，可以看到人物凸起的小肚子变得不再明显，画面整体的效果好了很多。

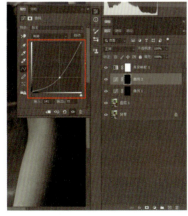

图3-10

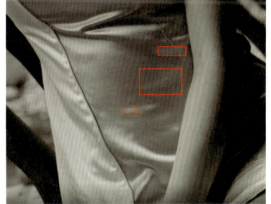

图3-11

为了进一步观察画面的明暗关系，我们再创建一个曲线调整图层，创建S形曲线，强化画面的反差，这会让画面的明暗关系看起来更清楚，如图3-12所示。

可以看到人物的小肚子部分仍然凹凸不平，我们需要进行更细致一些的优化。

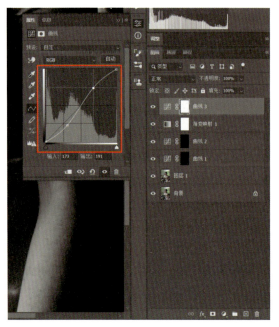

分别在提亮和压暗图层上单击鼠标左键选中对应的蒙版，然后选择"画笔工具"对小肚子部分比较明显的阴影进行提亮，对高光部分进行压暗处理，让人物的腹部显得更加平坦，如图3-13所示。

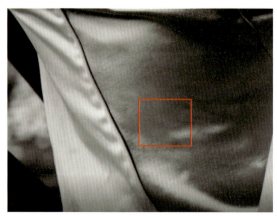

图3-12

图3-13

对于人物的其他部位，也用同样的方法进行处理，如图3-14所示。

为了便于准确找到提亮或压暗的曲线蒙版，我们可以将提亮曲线调整图层命名为liang，这样在调整阴影部分时就可以快速单击liang这个调整图层的蒙版，然后选择"画笔工具"进行调整。那an自然就是压暗曲线调整图层。

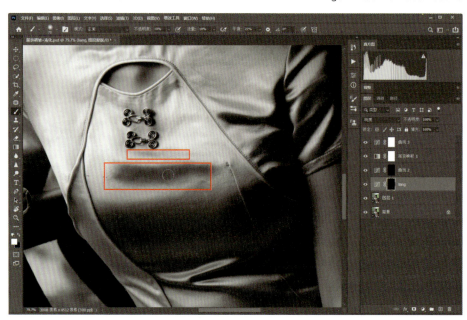

图3-14

对于需要压暗的区域，则是单击选中上方的曲线2这个调整图层的蒙版，用"画笔工具"进行涂抹即可。我们标出了一些需要压暗的位置，如图3-15所示。

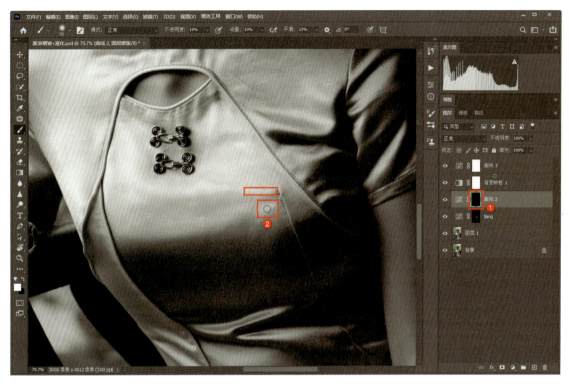

图3-15

经过上述调整，可以看到人物腹部已变得平坦、光滑。

对人物胸部进行提亮后，色彩产生了很明显的变化，如图3-16所示。实际上这并不是什么大的问题，后续我们可以通过色彩的调整来进行修复。当前我们主要修复的是凹凸不平的问题。

图3-16

3.2
液化瑕疵修复

在处理非常明显的褶皱之前，我们先来修复那些因为之前的液化处理所导致的问题。例如，我们之前进行液化时，人物与栏杆结合的部分发生了明显的变形，看起来不够自然，如图3-17所示，这类变形需要修复。

单击选中背景图层，按Ctrl+J组合键复制一个图层，即背景拷贝图层。单击鼠标左键点住复制出来的这个图层，将其拖动到图层1的上方，用没有液化的效果遮挡液化后的效果。

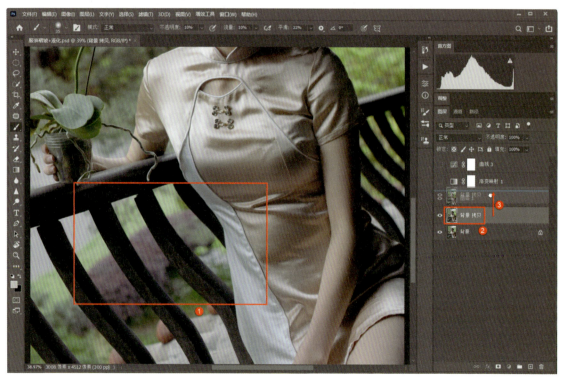

图3-17

为调整位置到上方的背景拷贝图层创建一个黑蒙版将其遮挡起来，选择"画笔工具"，设定"前景色"为白色，并将"不透明度"调到最高，按住鼠标左键并拖动，在人物身侧位置进行涂抹，还原出没有进行液化的栏杆效果，如图3-18所示。

此时，可以发现靠近人物身体的部分是不能进行这种涂抹的，因为再涂抹就会回到没有液化的状态了。这时我们可以再次复制一个背景拷贝图层，即背景拷贝2，将其拖动到背景拷贝图层上方，并用"套索工具"选取出正常分布的栏杆，如图3-19所示。

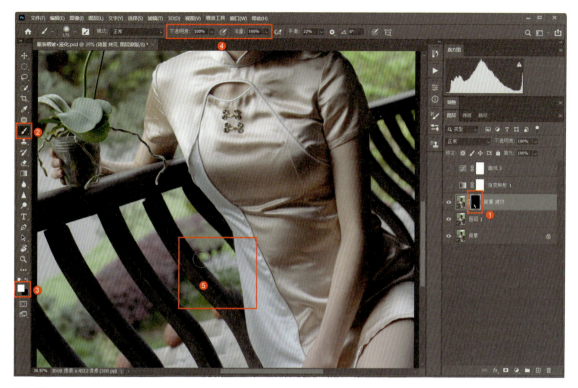

图3-18

图3-19

按Ctrl+J组合键将复制的栏杆区域提取出来作为一个单独的图层，适当降低其"不透明度"以便于观察，并在工具栏中选择"移动工具"，移动并让人物身侧的第2根栏杆对齐，如图3-20所示。

为这个遮挡图层创建黑蒙版，将其隐藏起来。选择白色画笔进行擦拭，让第2根栏杆变得非常清晰，如图3-21所示。擦拭到人物衣服这一部分时，要仔细一些，以免擦掉衣服。

图3-20

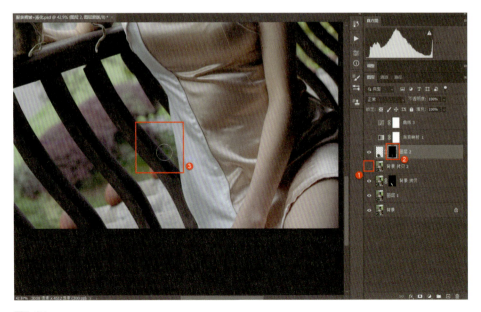

图3-21

之后我们发现依然有一些问题：比如靠
近人物衣服的柱子区域亮度有些高。此
时，先选择"钢笔工具"勾选出该区域
不自然的部分，如图3-22所示。

图3-22

按键盘上的Ctrl+Enter组合键将路径转为
选区，打开"羽化选区"对话框，在其
中设定"羽化值"为"2"，单击"确
定"按钮，如图3-23所示。

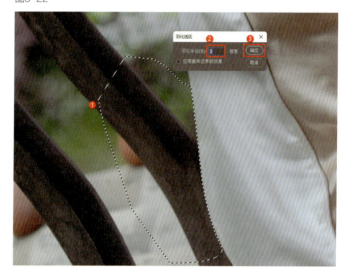

图3-23

选择"画笔工具"，将靠近人物的部分
擦拭出原图的效果，让画面整体的效果
更加自然，如图3-24所示。

图3-24

再次单击鼠标左键选中背景图层，如图3-25所示，然后用"套索工具"再次选择一片原始的背景区域。

图3-25

按Ctrl+J组合键将这片区域提取出来，将这片区域移动到背景拷贝2这个图层的上方，遮挡住液化效果，如图3-26所示。

为最后复制的这片区域创建一个黑色蒙版，然后沿着人物边缘建立一个选区，设定"羽化半径"为"2"，然后单击"确定"按钮，如图3-27所示。之所以建立这个选区，主要是为了避免我们的擦拭影响到人物的衣服，出现纹理失真的问题。

选择"画笔工具"，按住鼠标左键并拖动，在人物的衣服边缘擦拭出背景效果，这样我们就完成了人物背景部分的修复。

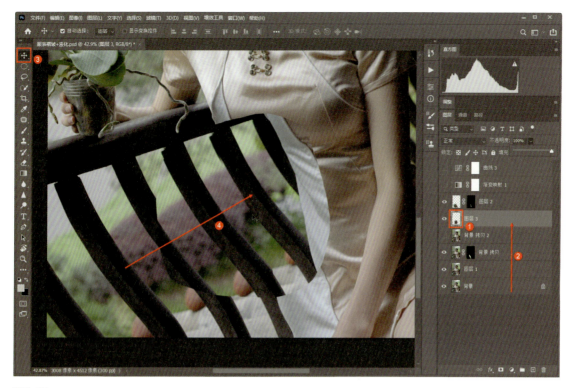

图3-26

图3-27

3.3

修复局部色彩失真问题

之前我们已经介绍过，对于人物胸部出现的色彩失真问题，可以通过调色的方式来进行修复。

鼠标右键单击位于上方的曲线调整图层（为了确保后续创建的调整图层位于该图层的上方），如图3-28所示。创建色相/饱和度调整图层，将饱和度大幅度降低，然后按Ctrl+I组合键隐藏这个饱和度调色图层的效果，如图3-29所示。选择"画笔工具"，按住鼠标左键并拖动，在人物胸前饱和度过高的位置上进行涂抹，还原出降低饱和度的效果。可以看到，人物胸前衣服的色彩得到了很好的修复。

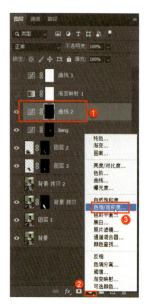

图3-28

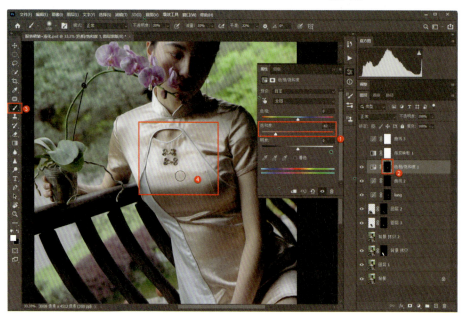

图3-29

3.4

修复褶皱

接下来我们准备对衣服上比较小的褶皱，以及比较难处理的褶皱进行修复，这是难度比较大的环节。

首先我们在"图层"面板中单击鼠标左键选中"图层1"，也就是瑕疵修复这个图层，选择"修补工具"，将衣服上一些比较小的，即比较好修复的褶皱修复，如图3-30所示。

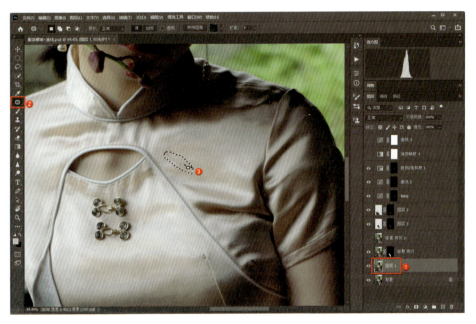

图3-30

对于很小、很浅淡，但又很多的褶皱，可以选择"仿制图章工具"，在适当位置取样后多次单击鼠标左键，让这些部分的褶皱变得几乎不可见，从而得到很好的过渡，如图3-31所示。这些区域就此变得平滑、干净起来。

图3-31

接下来，准备做难度非常大的褶皱修复。

单击上方的色相/饱和度调整图层，如图3-32所示。

盖印图层，将之前的瑕疵修复、调色等效果完全折叠在一起，如图3-33所示。

进入"液化"面板，选择"向前变形工具"，缩小画笔直径并对人物衣服表面的线条再次进行轻微调整，如图3-34所示，让这些线条变得更平滑、流畅。这样画面整体给人的视觉感受会好很多，然后单击"确定"按钮返回。

图3-32

图3-33

图3-34

114

对于人物的袖子以及裙摆部分，使用"仿制图章工具"进行过渡，让这些部分变得平滑起来，如图3-35和图3-36所示。

 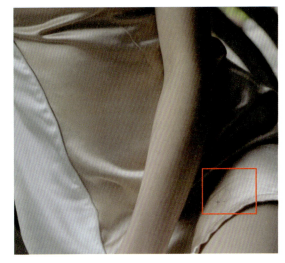

图3-35　　　　　　　　　　　　　　　　　　　　　　图3-36

此时观察照片，可以看到人物腰腹部有比较明显的褶皱，如图3-37所示，我们同样使用"修补工具"进行处理。

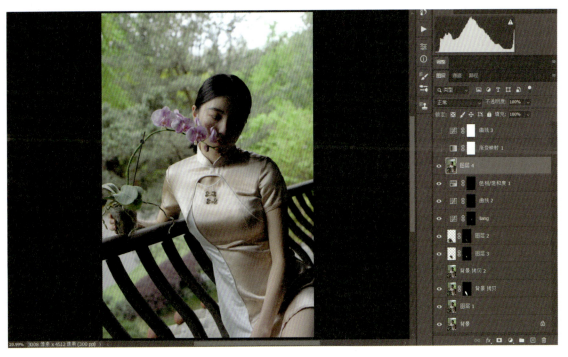

图3-37

单击选中图层4，按Ctrl+J组合键复制该图层出来，如图3-38所示。

图3-38

勾选较大的区域进行修补，可以看到，只要操作合理，人物腰腹部那些比较大的褶皱都是可以修掉的，如图3-39~图3-42所示。

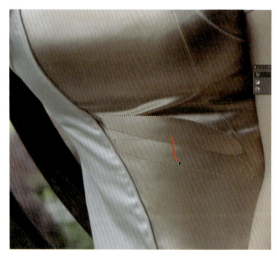

图3-39

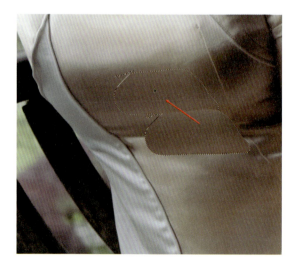

图3-40

图3-41

图3-42

对于其他位置比较大的褶皱也可以用这种方法修
掉，如图3-43和图3-44所示。

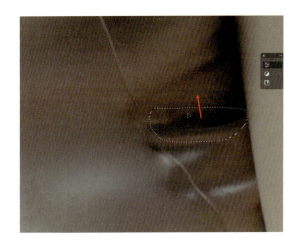

图3-43

图3-44

3.5

靠近拼接线位置褶皱的修复

修掉大褶皱后，衣服拼接线两侧依然有瑕疵没有处理掉，如图3-45所示。因为如果直接使用"修补工具"对这种位置进行处理，会产生明显的纹理失真现象。

图3-45

对于这种问题，我们可以先使用"钢笔工具"沿着拼接线制作一个路径，如图3-46所示。制作路径之后，按键盘上的Ctrl+Enter组合键将钢笔路径转为选区，对选区羽化后，选择"仿制图章工具"，借助于选区线的保护对靠近拼接线的部分进行修复，如图3-47和图3-48所示。可以看到，因为有选区线的保护，修复效果还是不错的。

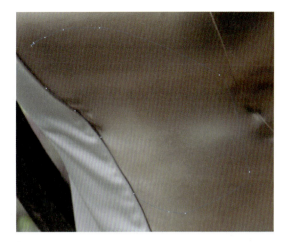

图3-46

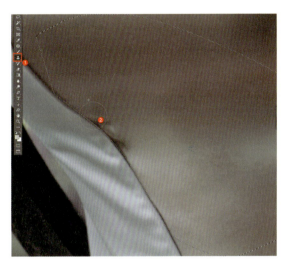

图3-47

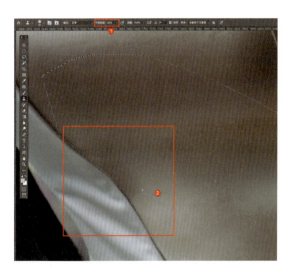

图3-48

对于拼接线条两侧的其他位置，也采用同样的方法进行处理。即，首先建立选区，然后使用"仿制图章工具"进行调整。可以看到，无论衣服拼接线两侧的瑕疵，还是胳膊与躯体结合线附近的瑕疵区域，都可以用这种方法修复。处理过程如图3-49~图3-53所示。

实际上，对于衣服褶皱修复，这是非常理想的一种方法。

最后，我们可以看到，衣服上大多数的褶皱已经被修掉了。

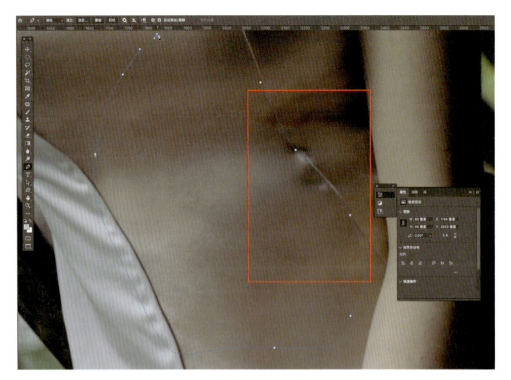

图3-49

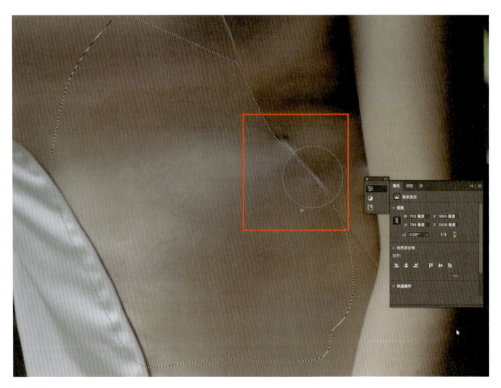

图3-50

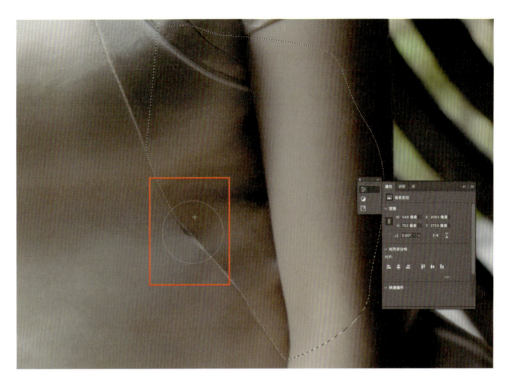

图3-51

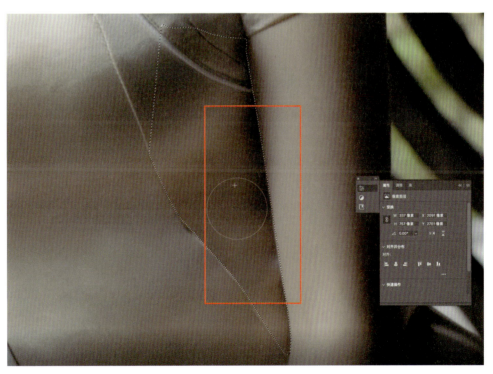

图3-52

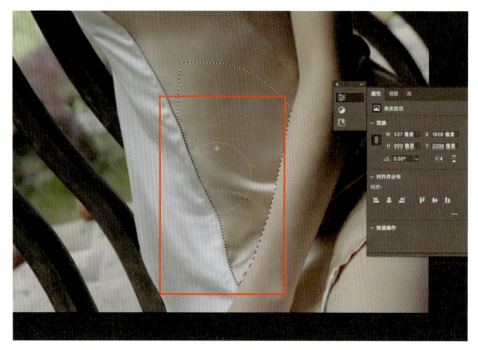

图3-53

在修复拼接线和边缘线周边的褶皱时，还要时刻注意用比如"修补工具"对简单褶皱进行
修复，如图3-54所示。

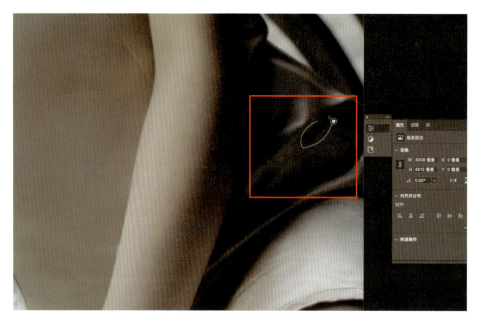

图3-54

再次借助"选区"对胳膊下方的区域进行保护，然后用"仿制图章工具"对这里的褶皱进行处理，如图3-55所示。

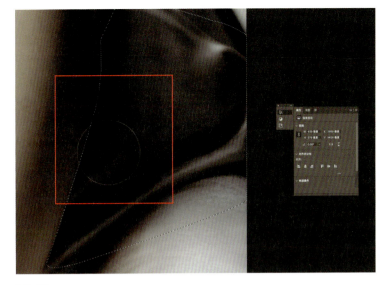

图3-55

此时，隐藏修复用的图层，可以看到修复之前的效果，如图3-56所示。

图3-56

显示出修复图层，观察修复之后的效果，可以看到效果是比较理想的，如图3-57所示。

当然，现在还存在一些问题，比如说在袖子处的凹凸不平比较明显。再结合使用"修补工具"、选区和"仿制图章工具"，将袖子部分调整到位，如图3-58所示。

图3-57

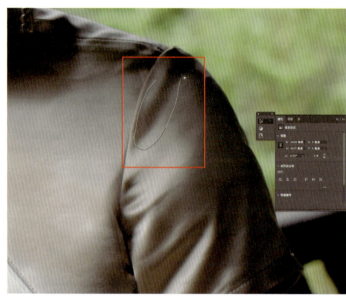

图3-58

并且对胳膊位置的衣服拼接线左侧进行处理。首先建立选区保护边缘，如图3-59所示；然后选择"仿制图章工具"进行修复，如图3-60所示。

我们还发现图中衣服拼接线一侧亮度过高。此时可以先为选区创建曲线调整图层，进行压暗，如图3-61所示。

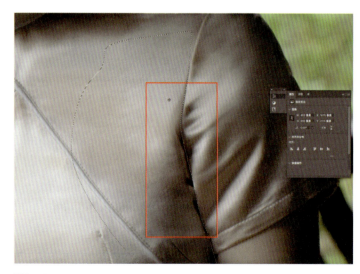

图3-59

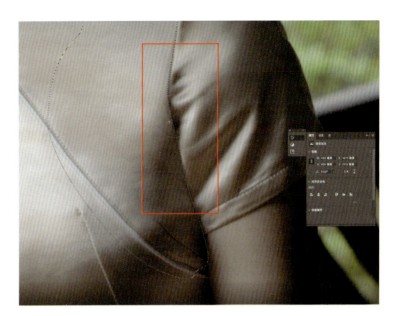

图3-60

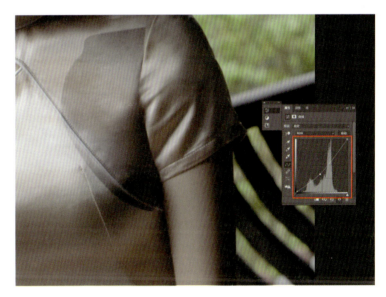

图3-61

然后选择"渐变工具",在周边制作渐变。再擦掉周边的部分,只保留颜色比较深的拼接线周边,让这部分的明暗效果变得自然起来,如图3-62所示。

勾选出左衣袖部分,要注意选区线左侧要对准衣服拼接线来保护边缘,然后创建一个空白图层,再选择"仿制图章工具"进行修复,如图3-63所示。

图3-62

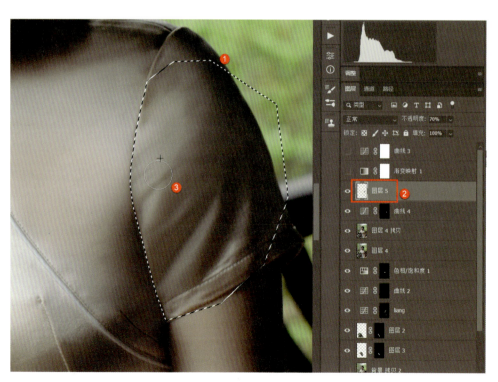

图3-63

如果使用"仿制图章工具"调整的力度比较大，导致衣袖部分失去纹理和层次，可以为这个空白图层创建蒙版，然后再选择"渐变工具"，适当降低渐变的"不透明度"，在衣袖这个区域进行按住鼠标左键并拖动制作渐变，还原一定的纹理和层次，如图3-64所示。

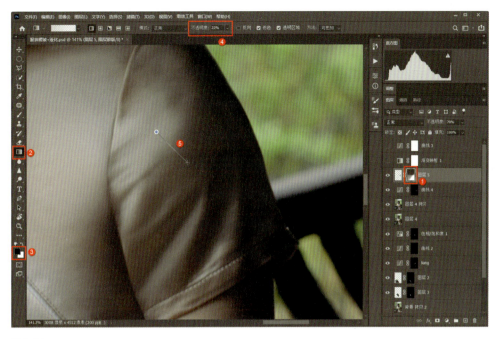

图3-64

图3-65

对于人物领口下方褶皱比较多的部分，首先单击鼠标左键选中复制的盖印图层，如图3-65所示，选择"钢笔工具"为这部分建立路径，如图3-66所示。

图3-66

将路径转为选区，进行羽化后，使用"仿制图章工具"对这部分进行修复，如图3-67所示。

对于人物肩膀等位置出现的由于明暗影调导致的凹凸不平的问题，也建立选区，结合"仿制图章工具"进行优化，如图3-68所示。

图3-67

图3-68

接下来，创建曲线调整图层，向下拖动曲线进行压暗，再对蒙版进行反相，如图3-69所示。

选择"画笔工具"，对衣服上亮度比较高的位置进行涂抹，将这些位置压暗，让衣服进一步变平滑，如图3-70所示。

图3-69

图3-70

衣服胸前中上方褶皱比较明显的地方，同样借助选区以及"仿制图章工具"进行过渡和调整，让这部分变得平滑起来，如图3-71所示。

图3-71

人物后方有一处衣服褶皱比较明显，先用"钢笔工具"勾选出来，如图3-72所示。

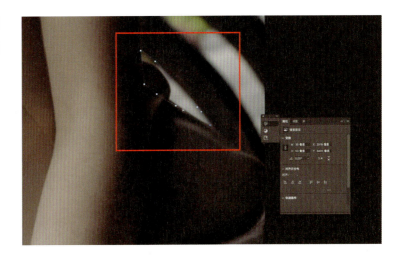

图3-72

转为选区后，再用"仿制图章工具"将这部分突起修掉，如图3-73所示。

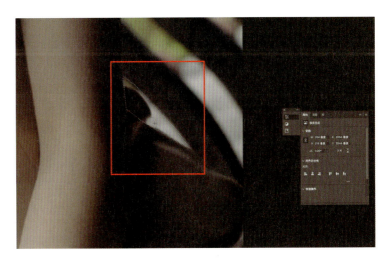

图3-73

3.6

统一画面色调

这里我们对照片背景的树叶部分进行处理，使色彩更协调。会发现调整前有一些地方发灰，另外一些地方黄绿色比较重。

创建色相/饱和度调整图层，选择黄色通道，并降低黄色的饱和度，如图3-74所示；选择绿色通道，并降低绿色的饱和度，如图3-75所示。

图3-74

图3-75

对蒙版进行反相，遮挡我们的调整效果；选择"画笔工具"，按住鼠标左键并拖动，在背景黄绿色比较重的位置进行涂抹，让这些部分与其他部分的色彩更加协调，如图3-76所示。

对于亮度偏高的地方，我们创建曲线调整图层并向下拖动曲线进行压暗，再反相蒙版遮挡压暗效果，如图3-77所示。选择"画笔工具"，"前景色"设为白色，适当降低画笔"不透明度"和"流量"，按住鼠标左键并拖动，在亮度过高的位置上进行涂抹，将这些部分的压暗效果还原出来，这样背景就比较协调了，也变得比较干净。

图3-76

图3-77

3.7

最终调整

最后，我们盖印一个图层，如图3-78所示。

图3-78

进入"Camera Raw滤镜"，对画面整体的影调进行优化。现在人物面部稍稍有些暗，特别是背光处几乎没有
细节，因此要降低"曝光"值，提高"阴影"值，并稍稍降低"高光"值，然后单击"确定"按钮返回，如
图3-79所示。

此时可以看到人物面部背光处也显示出了一些层次和细节。

最终检查照片，人物头发顶部有一些乱发，选择"污点修复画笔工具"将这些乱发修掉，如图3-80所示。

这样，我们就完成了这张照片的全部后期处理。

图3-79

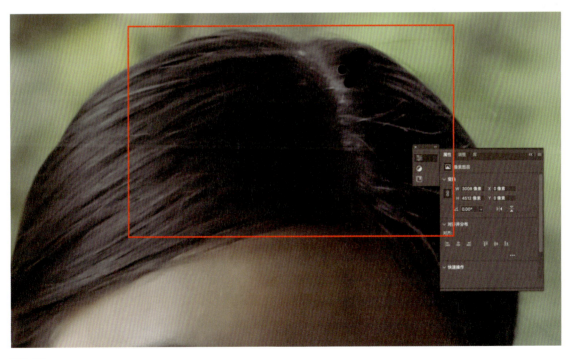

图3-80

第四章

高调人像
批量修饰

本章介绍人像照片的批量处理技巧。本章我们将不对人像面部皮肤、衣物的精修做过多介绍，只是在问题比较明显的位置进行简单修饰，主要是介绍批处理的思路和方法。批处理的主要思路是统一一组照的明暗影调风格，统一色调风格，让不同的照片看起来更像是同一组照片，整体看起来更协调。

这组照片原图各照片之间的明暗与色彩不是太统一，有非常大的差别，因此组照显得不是很协调，如图4-1~图4-4所示。经过我们的批量处理，可以看到所有照片都呈现了高调的效果，且色彩都相对比较淡雅，整体风格非常协调，如图4-5~图4-8所示。

这就是我们批处理的目的。

图4-1

图4-2

图4-3

图4-4

图4-5

图4-6

图4-7

图4-8

4.1
批处理素材文件

首先，全选这一组照片，将其拖入Photoshop，因为这组照片都是RAW格式文件，所以拖入Photoshop后会同时载入ACR当中。

在左侧的胶片列表中单击鼠标左键选择第一张照片，在右侧展开"基本"面板。我们看到原照片亮度比较低，提高"曝光"值可以增加画面亮度，如图4-9所示。

图4-9

画面的高光部分有轻微过曝问题，所以要降低"高光"值，压暗"白色"值，让照片中最亮的部分不会高光溢出，如图4-10所示。

对于照片整体色调比较平淡的问题，我们要稍稍降低"色温"值，让画面的色调更干净一些；对于头发等比较暗的部位，暗部层次不是很清晰，因此要提高"阴影"值，令暗部显示出层次细节，如图4-11所示。

图4-10

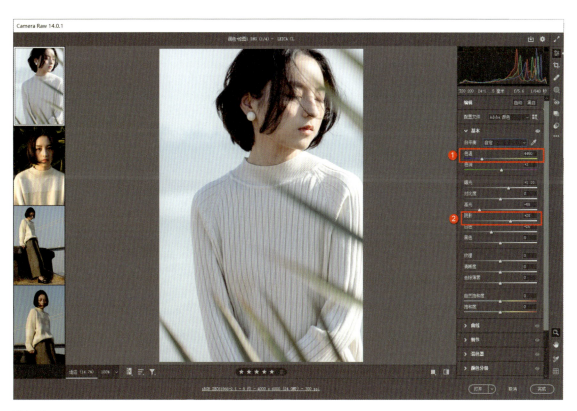

图4-11

切换到"校准"面板，在其中将"绿原色"提到最高，照片当中的植物部分色调会统一向青色偏移，暖色调则会向红色方向偏移。画面冷暖分别向两个色调方向聚拢，画面整体的色调就会更干净，如图4-12所示。

调"绿原色"后，人物面部会产生偏红的问题，将"红原色"的色相滑块稍稍向右拖动，让偏红的肤色趋于正常，再稍稍降低"饱和度"值，避免肤色饱和度过高的问题，如图4-13所示。

图4-12

图4-13

对于背景色感比较弱的问题，我们可以展开"混色器"面板，在其中选择"饱和度"子面板，在右侧选择目标"调整"工具，将鼠标移动到背景当中，点住鼠标左键并向右拖动，可以提高背景所选位置色彩的饱和度，如图4-14所示。

人物后方色调有些深，因此切换到"明亮度"子面板，同样使用目标"调整"工具在背景比较暗的位置单击点住鼠标左键并向右拖动，提高这部分所对应色彩的明度，让背景整体显得更干净一些，如图4-15所示。

图4-14

图4-15

切换到对比视图，可以看到原图和效果图之间差别还是比较大的。效果图画面更为明亮、通透，如图4-16所示。

图4-16

处理完第一张照片后，在左侧胶片窗格中鼠标右键单击第一张照片，在弹出的快捷菜单中选择"全选"，全选胶片窗格中的照片，如图4-17所示。

然后鼠标右键单击第一张照片，在弹出的菜单中选择"同步设置"，如图4-18所示。所谓同步设置是指对没有处理的三张照片也进行与第一张照片相同的处理。

图4-17

图4-18

此时会打开同步对话框。因为我们没有进行裁剪、局部调整等处理，所以下方的相关选项不必设定，单击"确定"按钮，如图4-19所示。这样就可以对下方的三张照片进行与第一张照片相同的处理。

图4-19

4.2

单独检查并调整不协调的照片

此时观察下方的几张照片，如图4-20所示。查找与第一张照片风格差别比较大的照片，分别进行处理。

图4-20

这里可以看到第三和第四张照片整体偏暗一些，与第一张照片的差别比较大，因此我们选中下方的两张照片，对"曝光"值再次进行调整，主要是进行了进一步的提升；并且将"高光"值降到最低，避免高光溢出；对"色温"也进行微调，让这两张照片的色调与第一张照片更接近，如图4-21所示。

对于第二张近景人像，我们可以看到画面当中人物肤色部分"饱和度"比较高，并且色调偏暖。单击鼠标左键选中这张照片，降低"色温"值，让这张照片的色调与另外三张照片的色调更匹配，并对这张照片的明暗参数再次进行调整，参数如图4-22所示。

图4-21

图4-22

切换到"混色器"面板并切换到"明亮度"子面板,提高"绿色""浅绿色"和"蓝色"的明度,此时可以看到调整后的色彩与另外三张照片更加一致,如图4-23所示。

图4-23

对于第三和第四张照片暖色调比较重的问题,我们按住Ctrl键并单击鼠标左键选中这两张照片,切换到"混色器"面板,再切换到"饱和度"子面板,降低"红色"与"橙色"的饱和度,如图4-24所示。

经过批量以及单独的针对性调整,4张照片的影调、色调已经趋向于一致。

在左侧胶片窗格当中,全选这4张照片,单击右下角的"打开"按钮,如图4-25所示,4张照片会同时在Photoshop中打开。

图4-24

图4-25

4.3

对组图进行降噪处理

分别放大4张照片进行观察，会发现：例如，第4张照片人物面部背光处产生了很多噪点，这是进行阴影提亮所导致的，如图4-26所示。

图4-26

鼠标左键单击照片标题，激活这张照片，按Ctrl+Shift+A组合键再次进入"Camera Raw滤镜"，切换到"细节"面板，提高"减少杂色"值，提高"杂色深度减低"值，对画面进行降噪处理。

降噪之后切换到对比视图，可以看到降噪效果是比较明显的，之后单击"确定"按钮返回，如图4-27所示。

图4-27

对于另外三张照片，我们只要在Photoshop中鼠标左键单击对应的标题就可以激活这些照片，然后直接点开"滤镜"菜单，选择最上方的"Camera Raw滤镜"就可以对这些照片进行与第4张照片相同的处理，如图4-28所示。

注意，在"滤镜"菜单中一定要选择最上方的"Camera Raw滤镜"，不要选择下方的"Camera Raw滤镜（C）"。上方的选项用于执行之前的滤镜操作，下方的选项则用于进入"滤镜"设置界面。

这样我们就对4张照片全部进行了降噪处理。

图4-28

4.4

在Photoshop中调整不协调的照片

鼠标左键分别点住第三张照片与第四张照片的标题并向下拖动，如图4-29所示。

这样就将这两张照片变为浮动状态，如图4-30所示。变为浮动状态后可以同时观察这两张照片画面，可以看到，二者整体的风格虽然趋向一致，但是仍有细微的差别：右侧照片的背景色彩明显更深一些，饱和度更高一些。

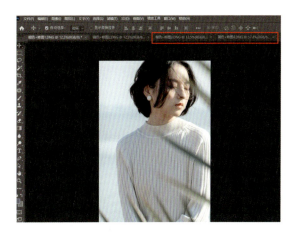

图4-29

图4-30

确保只激活第四张照片，点开"图像"菜单，选择"调整"，选择"色相/饱和度"，如图4-31所示。

打开"色相/饱和度"对话框，降低这张照片的"饱和度"，使背景的色彩饱和度变低，如图4-32所示。

打开可选颜色对话框，选择"青色"通道，降低"青色"值，如图4-33所示，这样做是因为我们可以看到背景当中的青色饱和度是较高的。这样，我们就将第三张照片和第四张照片的风格调整得更加相近。

图4-32

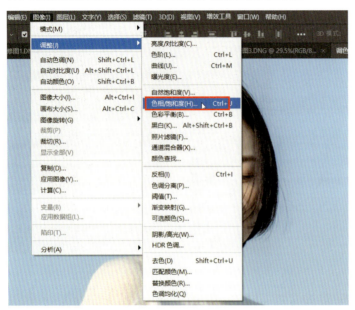

图4-31

图4-33

观察第三张照片，可以看到人物的头发不够黑（有些发灰）不够理想。这时我们可以针对这张照片创建曲线调整图层，在"曲线"上单击鼠标左键"创建锚点"并向下拖动进行压暗，可以看到全图的亮度都被压低，如图4-34所示。

图4-34

之后按键盘上的Ctrl+I组合键对蒙版进行反相，隐藏压暗效果。在工具栏中选择"画笔工具"，将"前景色"设为白色，缩小画笔直径并在人物头发部分擦拭出压暗效果。这样，人物头发就变得更黑，如图4-35所示。

图4-35

调整完成后右键单击背景图层的空白处，在弹出的菜单中选择"拼合图像"，如图4-36所示，就完成了这张照片的处理。

图4-36

对于第二张正面人像照片，可以看到人物面部有一些瑕疵比较明显。

可以按Ctrl+J组合键复制一个图层出来，在工具栏中选择"修补工具"，将比较明显的瑕疵修复掉，如图4-37和图4-38所示。

虽然我们在此不必进行非常精细的磨皮，但还是要修掉人物面部一些比较明显的瑕疵。

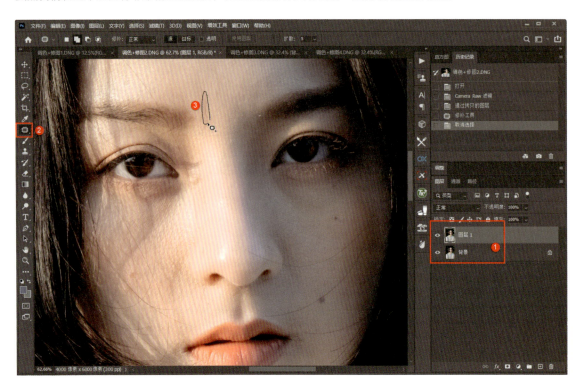

图4-37

图4-38

修掉这些瑕疵之后，放大照片可以看到人物鼻梁右侧有一些偏紫，再次按Ctrl+J组合键复制一个图层，即图层1拷贝，如图4-39所示。

进入"Camera Raw滤镜"，提高"色温"值，可以看到紫色减轻，鼻梁部分肤色趋于正常，然后单击"确定"按钮返回，如图4-40所示。

图4-39

图4-40

为这个调色的图层创建一个黑蒙版，具体操作方法是单击选中这个图层后按住Alt键单击"图层"面板右下方的"创建图层蒙版"按钮，如图4-41所示。

在工具栏中选择"画笔工具"，设定"前景色"为白色，在人物的鼻梁部分进行擦拭，还原出鼻梁部分的调色效果，如图4-42所示。

至此，这张照片调整完成。

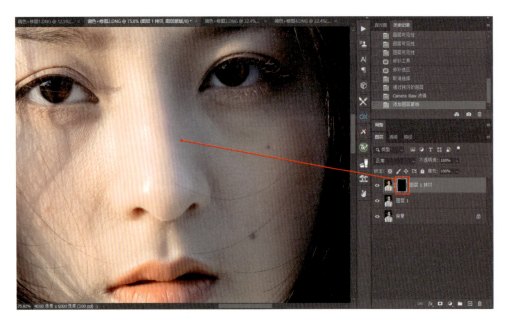

图4-41

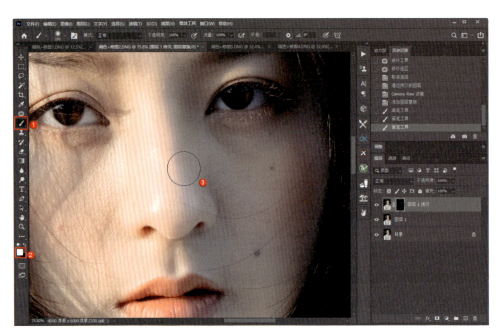

图4-42

第三张照片中人物脚跟后位置有一些绿色的垃圾，要将其修掉。可以使用的修复工具有"修补工具""污点修复画笔工具""仿制图章工具"等，如图4-43所示。

图4-43

还有一种方法，即我们之前多次使用过的，用没有瑕疵的像素对瑕疵进行遮挡的方法。

在工具栏中选择"套索工具"，勾选没有垃圾的位置，如图4-44所示。

图4-44

按键盘上的Ctrl+J组合键将勾选的像素提取出来保存为一个单独的图层，在工具栏中选择"移动工具"，移动提取的像素到垃圾上，将垃圾遮挡起来，如图4-45所示。

为上方的图层创建一个黑蒙版，将这些像素遮挡起来，之后选择"画笔工具"，将"前景色"设定为白色，缩小画笔直径，并将"不透明度"提到最高，在有垃圾的位置进行涂抹，就可以将正常的像素还原出来，从而遮挡住垃圾，如图4-46所示。

图4-45

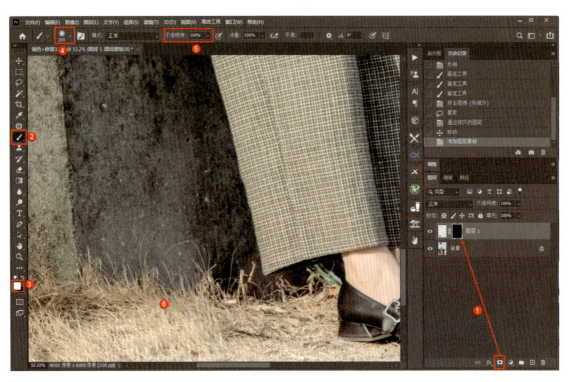

图4-46

对于另一处垃圾，进行同样的处理。

处理之前我们首先要在"图层"面板中单击选中背景图层，然后用"套索工具"选择没有垃圾的像素，如图4-47所示。

图4-47

将这个图层提取出来保存为一个单独的图层，选择"移动工具"将这片区域移动到第二片垃圾上，为正常像素的图层创建一个黑蒙版，将其遮挡起来，如图4-48所示。

选择"画笔工具"，设定"前景色"为白色，缩小画笔直径，提高"不透明度"，在垃圾的位置进行涂抹，还原出正常像素从而遮挡住垃圾，如图4-49所示。

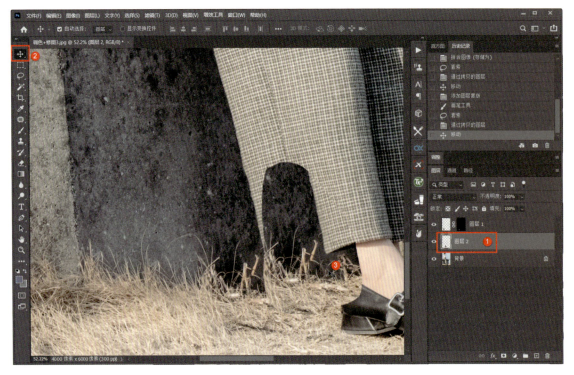

图4-48

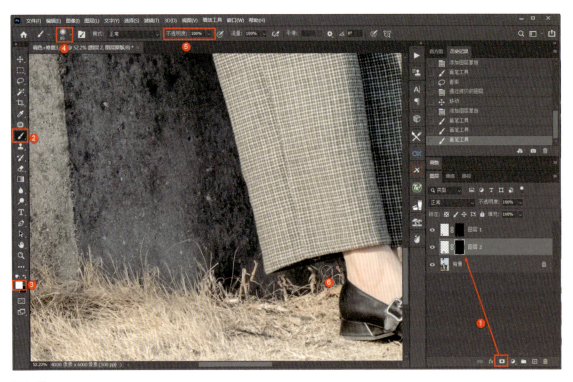

图4-49

4.5
照片的保存设定技巧

这张照片处理完成之后，在背景图层的空白处单击鼠标右键，在弹出的快捷菜单中选择
"拼合图像"，可以将图层拼合起来，如图4-50所示，之后再保存文件即可。

图4-50

如果照片没有印刷需求，主要是在网上进行分享，那么要将照片保存为sRGB色彩空间。
为了确保照片的色彩空间没有问题，首先要点开"编辑"菜单，选择"转换为配置文件"
命令，在打开的"转换为配置文件"对话框中将目标空间配置文件设置为sRGB，然后单
击"确定"按钮，如图4-51所示。

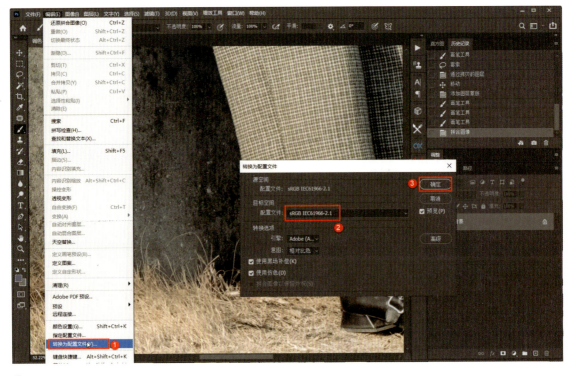

图4-51

设定色彩空间之后，单击点开"文件"菜单，选择
"存储为"菜单命令，如图4-52所示。

图4-52

在打开的"存储为"对话中
选择照片的保存位置，再将
照片的保存类型设定为JPEG
格式，直接单击"保存"按
钮，如图4-53所示。

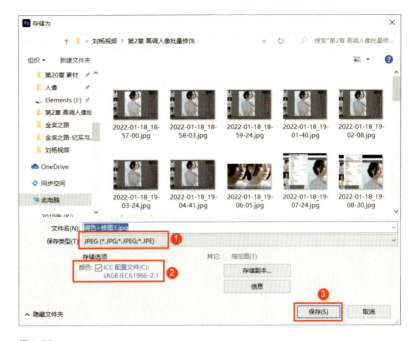

图4-53

在打开的"JPEG选项"对话框中将照片品质保存为
10-12之间，最后单击"确定"按钮，如图4-54所
示，我们就完成了照片的保存。

对这四张照片进行同样的保存处理即可。

图4-54

至此，我们就完成了这组照片的批量处理。

可以看到其整体思路是先在ACR中对一张照片进行后期处理；之后采用同步的方式对所有的照片套用第一张
照片的处理流程；然后再分别检查每一张照片，进行一些轻微的校正，将照片的影调与色彩风格统一起来；
之后将所有照片载入Photoshop进行一些瑕疵的修复等处理。

当然，我们还可以对批处理过的某些照片进行非常精致的磨皮等操作，这里就不再赘述。

CHAPTER —————— FIVE

第五章

暗调人像摄影
后期修图技巧

本章我们依然介绍人像照片批量处理的技巧，所选案例照片有两张，原图都是偏暗调的。本章中的照片处理更侧重于对照片的局部色彩和影调进行调整。对于单独的照片，我们会适当改变画面的明暗关系，让单独的照片本身也具有更好的表现力。

5.1

暗调人像摄影后期修图案例1

下面来看原图与效果图的对比。因为这两张照片都是偏暗调的效果，注重的是画面的情绪表达，所以我们对照片中人物面部的皮肤细节不会进行过多的调整。第一张照片明显是偏青的色调，如图5-1所示，第二张虽然有一些青色调，但整体更偏暖一些，如图5-2所示。处理之后，可以看到这两张照片（如图5-3和图5-4所示），偏青的稍稍变暖了一些，暖色调的照片中青色成分更多了一些，最终两张照片的色调风格更加相近，以组图的方式呈现时效果会更好。

如果观察单独的照片，我们会发现它们的光影关系也发生了变化。比如说第一张照片，人物的面部更亮了，而周边的环境则被压暗，这样可以突出主体人物。

图5-1

图5-2

图5-3   图5-4

画面分析

因为这两张照片本身是JPEG格式，所以我们不再单独在ACR中进行过多调整。

进入Photoshop，首先打开第一张照片，我们可以发现有这样几个明显问题：背景右下角的道路亮度比较高，人物面部亮度比较低，画面左上角的暖色调灯光饱和度特别高，影响了主体的表现力，如图5-5所示。

具体处理时，我们首先按Ctrl+J组合键复制一个图层出来，如图5-6所示。

图5-5

图5-6

借助"Camera Raw滤镜"进行基本调整

进入"Camera Raw滤镜"对照片的影调进行单独的调整，主要包括以下操作：稍稍提高"曝光"值让画面明亮一点；降低"高光值"避免高光溢出；提高"阴影"值，让人物面部显示出更多的细节；提高"白色"值，避免照片整体显得过于压抑。"阴影"值提高后，照片暗部有发灰的感觉，此时要把黑色再降下来，让暗部最黑的位置足够黑，这样照片才会通透一些，如图5-7所示。

图5-7

对于照片右下角亮度过高的问题，可借助于局部工具进行调整。在ACR界面右上角单击"蒙版工具"，选择"线性渐变"，如图5-8所示。

图5-8

在画面的右下角按住鼠标左键并沿箭头方向拖动出图示的渐变，降低"曝光"值，降低"高光"值，而针对这个位置过于偏青的问题，我们可以大幅度提高"色温"值，小幅度提高"色调"值，让这个区域变暖、变暗，如图5-9所示。

图5-9

对于右下角一些高光的小的区域，我们可以使用"画笔工具"进行压暗。因为是同样的压暗和调色处理，所以我们没有必要创建新的蒙版，而是直接在蒙版面板中间位置单击"添加"按钮，在弹出的菜单中选择"画笔"，如图5-10所示。那么这支画笔就是在蒙版1上进行调整，与之前的"渐变工具"有同样的参数。选择"画笔工具"之后，可以看到参数设定与之前的设定是一样的，将画笔移动到照片右侧比较亮的区域，按住鼠标左键并拖动进行涂抹，如图5-11所示。

图5-10

图5-11

压暗单独的小区域后，进入"细节"面板，提高"减少杂色"值，提高"杂色深度减低"值，对画面进行降噪处理，让画面更干净一些，如图5-12所示。

图5-12

之后进入"效果"面板，提高"颗粒"值，让画面整体画质更统一和协调，最后单击"确定"按钮返回，如图5-13所示。

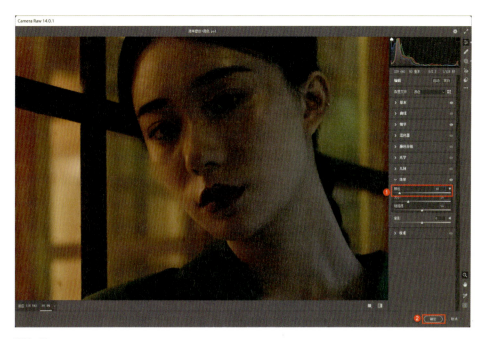

图5-13

双曲线磨皮

接下来，我们对人物面部进行一些简单的修饰，主要是解决凹凸不平的问题。

创建曲线调整图层，向下拖动曲线进行压暗，按键盘上的Ctrl+I组合键反相蒙版，隐藏调整效果，如图5-14所示。

图5-14

选择"画笔工具","前景色"设为白色，降低"不透明度"和"流量"，按住鼠标左键并拖动，在人物面部比较明显的亮的部分进行涂抹，将这些部分稍稍压暗，如图5-15所示。

对于人物面部比较暗的位置，如眼袋等区域，需要进行提亮的处理。处理过程如图5-16所示。

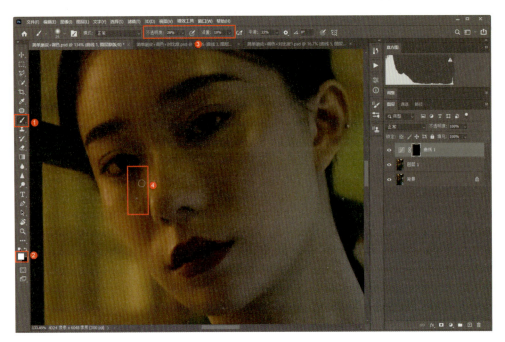

图5-15

图5-16

通过压暗和提亮，可解决人物面部凹凸不平的问题，效果如图5-17所示。

图5-17

人物面部瑕疵修复

接下来，单击鼠标左键选中之前复制的图层1，如图5-18所示。

使用"修补工具"等去瑕疵工具在人物面部进行修饰，将比较明显的瑕疵修掉，如图5-19所示。

图5-18

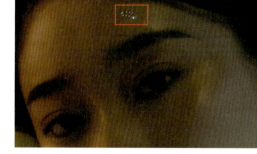

图5-19

统一画面色调

对于人物颈部偏黄的问题，可以创建可选颜色调整图层，切换到"黄色"通道，降低"黄色"值，让人物的颈部色彩恢复正常，如图5-20所示。

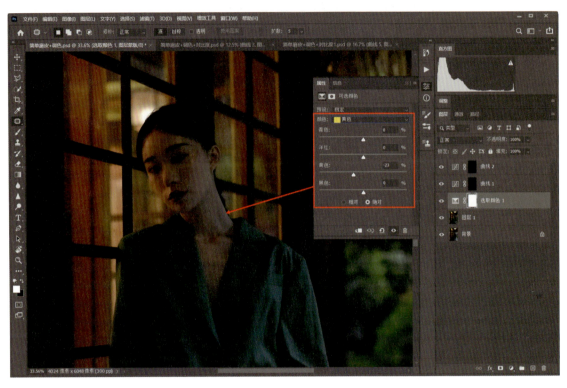

图5-20

对于左上角饱和度较高的问题，创建色相/饱和度调整图层，选择"红色"通道，降低"红色"的饱和度，如图5-21所示；再切换到"黄色"通道，降低"黄色"的"饱和度"，如图5-22所示。可以看到左上角饱和度过高的暖色调区域得到了修复。

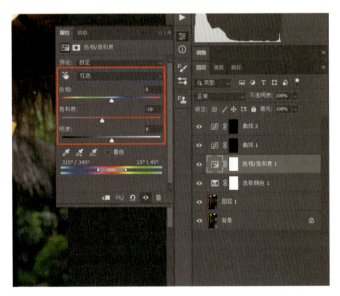

图5-21

图5-22

因为我们只需要降低左上角灯光部分的饱和度，其他部分不需要调整，所以按Ctrl+I组合键将色相/饱和度调整图层的蒙版进行反相，隐藏调整效果。选择"画笔工具"，"前景色"设为白色，将"不透明度"和"流量"提到最高，用画笔在照片左上角饱和度比较高的位置上涂抹，将这个区域降低饱和度的效果显示出来，如图5-23所示。

图5-23

对于照片整体色调偏青的问题，可以创建色彩平衡调整图层，在"中间调"中将滑块从"青色"向"红色"拖动，以减少青色、增加红色；并将滑块从"蓝色"向"黄色"方向拖动，以减少蓝色、增加黄色。这样画面会由青色调变得更暖一些，如图5-24所示。

图5-24

确定色彩风格之后，盖印图层，如图5-25所示，然后进入"Camera Raw滤镜"。

切换到"校准"面板，在其中将"红原色"当中的色相滑块向右拖动，拖动时我们要注意观察，要让右下角的绿色植物部分变得更青一些，与人物衣服部分的色彩更加匹配，避免产生较大干扰。将"红原色"的"饱和度"稍稍降低一些，以避免周边环境中的绿色植物部分饱和度过高。调整后单击"确定"按钮返回，如图5-26所示。

为上方的盖印图层添加一个黑色蒙版，选择"画笔工具"，设定"前景色"为白色，将画笔的"不透明度"和"流量"提到最高，在背景中绿色的植物部分按住鼠标左键并拖动进行涂抹，将这些区域还原出我们的调色效果，如图5-27所示。至此，这张照片调整完成。

图5-25

图5-26

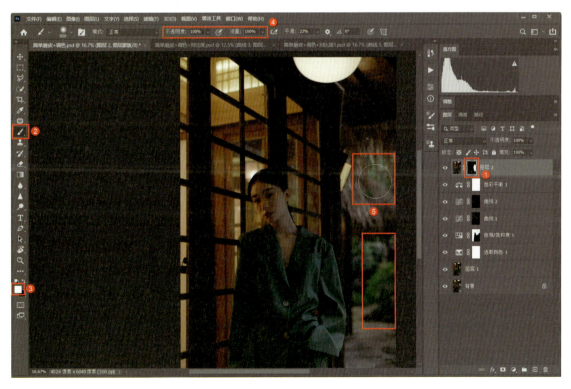

图5-27

5.2

暗调人像摄影后期修图案例2

在调整照片之前，我们应该有这样一个目标：将第二张照片整体偏暖的色调向第一张照片的色调风格靠拢，让两张照片色调更相近。

在Photoshop中单击第二张照片的标题栏切换到第二张暖色调的照片上，如图5-28所示。

图5-28

借助"Camera Raw滤镜"进行基本调整

按键盘上的Ctrl+J组合键复制一个图层出来，再进入"Camera Raw滤镜"对这张照片进行简单调整。

原照片对比度比较低，整体显得灰蒙蒙的，因此我们先提高"对比度"值，如图5-29所示。

对于色调不理想的问题，切换到"校准"面板，将"绿原色"的"色相"滑块向右拖动，可以看到画面当中的黄色会减少，背景当中的绿色植物明显变得更冷、更偏青，如图5-30所示。

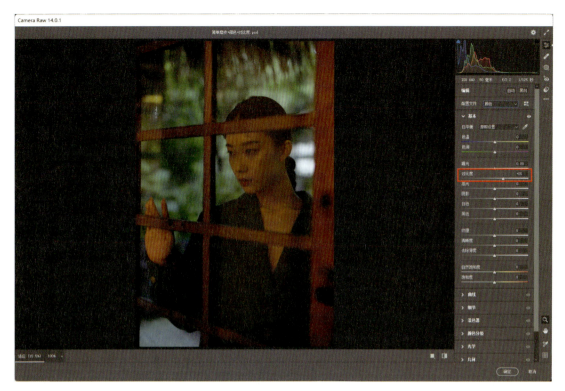

图5-29

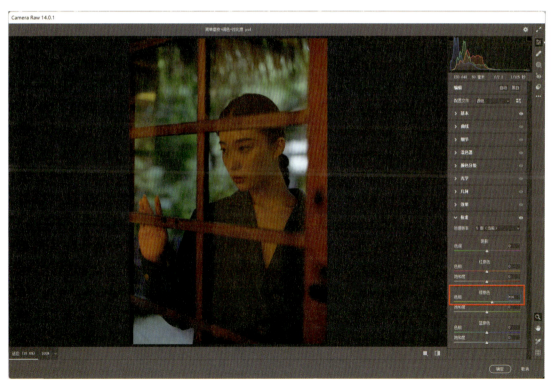

图5-30

此时背景的色彩亮度非常高，因此切换到"混色器"面板，并切换到"明亮度"子面板，选择"目标调整工具"，将鼠标移动到背景绿色植物上，按住鼠标左键并向下拖动，以降低这部分的明亮度，如图5-31所示。

降低明亮度之后，背景中绿色的饱和度会变高，因此切换到"饱和度"子面板，依然使用"目标调整工具"降低绿色系的饱和度，让背景部分整体变得更协调，最后单击"确定"按钮返回，如图5-32所示。

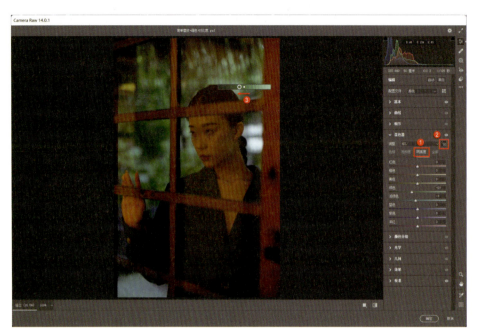

图5-31

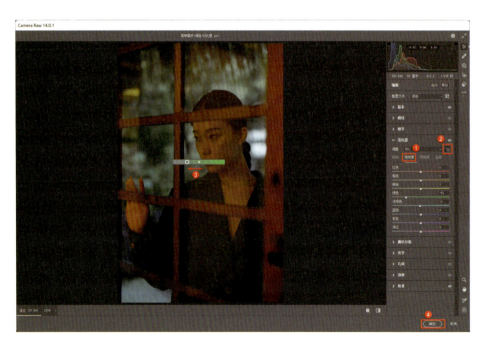

图5-32

照片瑕疵修复与简单磨皮

在"图层"面板中单击鼠标左键选中我们复制的图层，选择"修补工具"，对图中比较明显的瑕疵进行修补，如图5-33所示，我们标出了明显瑕疵的位置。要注意的是，前景窗格上的明显瑕疵，也需要修掉。

图5-33

修复瑕疵之后，接下来对人物的皮肤部分进行简单的双曲线磨皮。

其实这张照片中人物的皮肤部分效果还是可以的，因而我们进行简单的提亮就可以了。

创建曲线调整图层，向上拖动曲线进行提亮，然后按Ctrl+I组合键对蒙版进行反相，隐藏提亮效果。选择"画笔工具"，"前景色"设为白色，将"不透明度"和"流量"调到10%左右，按住鼠标左键并拖动，对面部的黑眼袋部分进行涂抹，将这部分稍稍提亮，如图5-34所示。这样，人物面部的皮肤就变得更加光滑、干净了。

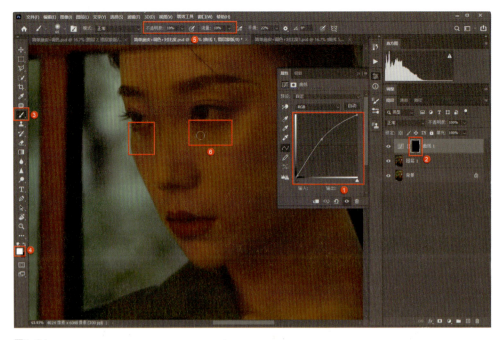

图5-34

统一画面色调

对于人物皮肤部分过于偏暖的问题，我们可以创建可选颜色调整图层，在其中切换到"黄色"通道，降低黄色的比例，如图5-35所示。

图5-35

再切换到"红色"通道，降低"洋红"的比例，提高"青色"的比例，如图5-36所示，让人物肤色趋于正常。照片当中人物衣服以及背景中绿色成分都比较多，切换到"绿色"通道，提高"绿色"通道中"黑色"值，如图5-37所示，对这些区域进行压暗，让画面整体的色调更沉稳。

图5-36

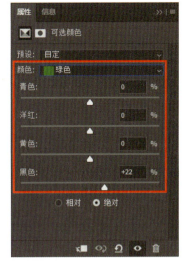
图5-37

经过调整，我们对比第一张照片（图5-38）和第二张照片（图5-39），可以看到两张照片的整体色调及影调开始趋于相近，都呈现为青橙色调。

图5-38

图5-39

对于第二张照片来说，衣服部分依然严重偏黄，对于这个问题，我们可以单独为衣服部分进行调色。

具体操作也比较简单：创建可选颜色调整图层，在其中直接选择"中性色"通道，提高"青色"的比例，降低"红色"的比例，降低"黄色"的比例，调整后可以看到人物的衣服部分更偏青色一些，如图5-40所示。

之后，我们对可选颜色调整图层的蒙版进行反相，隐藏调整效果，选择"画笔工具"，"前景色"设为白色，将"不透明度"和"流量"提到最高，缩小画笔直径，按住鼠标左键并拖动，在人物衣服部分进行擦拭，将人物衣服部分还原出调色后的效果，如图5-41所示。

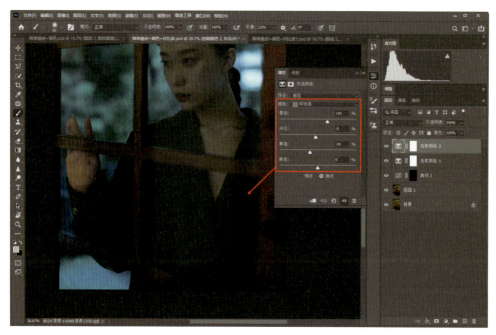

图5-40

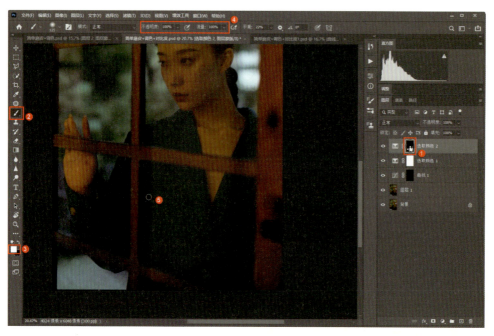

图5-41

此时可以看到这张照片中人物的衣服部分青色偏重，因此我们可以适当降低这个图层的不透
明度，让人物的衣服与第一张照片中人物衣服的色彩更接近一些，如图5-42所示。

这里要注意的是，因为第二张照片是隔了一层玻璃拍摄的，有明显的反光，所以没有必要让
第二张照片中人物衣服的色调与第一张照片完全相同。

如果要观察我们涂抹的区域，可以按住键盘上的Alt+Shift组合键，并用鼠标左键单击蒙版图标，就可以观察我们涂抹的区域。可以看到涂抹的准确度还是比较高的，如图5-43所示。

再次按住Alt+Shift组合键并单击蒙版图标即可恢复正常显示状态。

图5-42

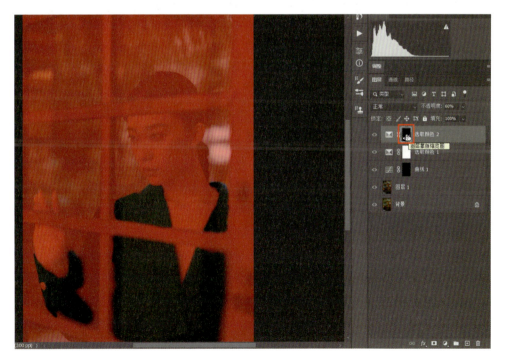

图5-43

再次对第二张照片的人物皮肤进行适当的磨皮处理，以优化人物的肤质及肤色。

先创建渐变映射图层和曲线调整图层作为观察图层。

对于曲线调整图层，我们可以创建一个S形曲线让人物面部的明暗关系更清晰，如图5-44所示。

单击鼠标左键选中之前的提亮曲线图层蒙版，选择"画笔工具"，"前景色"设为白色，将"不透明度"和"流量"设定为"10%"左右，按住鼠标左键并拖动，在人物面部依然比较暗的位置进行擦拭，将这部分提亮，让人物肤质看上去更平滑一些，如图5-45所示。

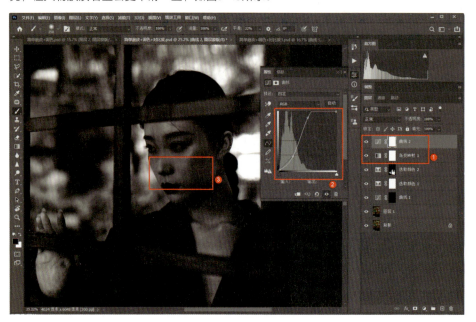

图5-44

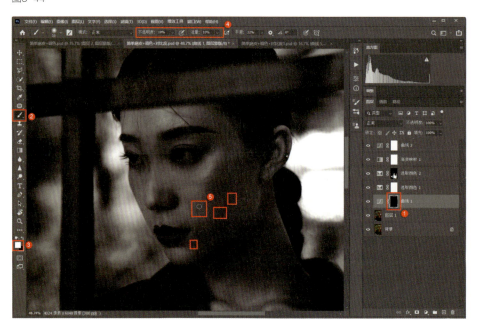

图5-45

184

之后我们再创建一个曲线调整图层，向下拖动曲线进行压暗，然后对蒙版进行反相，隐藏
压暗效果，用"画笔工具"在人物面部需要压暗的位置进行涂抹，如图5-46所示。

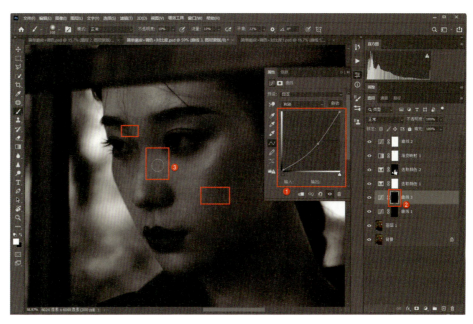

图5-46

调整之后，我们可以隐藏用于磨皮的双曲线观察磨皮之前的效果，如图5-47所示；再显
示出双曲线，观察磨皮之后的效果，如图5-48所示。可以看到磨皮之后，人物的面部皮
肤明显更加光滑。

图5-47

图5-48

强化高光，让人物更立体、通透

我们发现第二张照片的人物部分显得有些沉闷，即高光部分不够亮，导致人物部分不够通透，主体的表现力稍显不足。

我们可以双击展开上方的曲线观察层，进一步增加画面的反差，即将曲线的S形弧度进一步加大，这样处理后可以看到画面的反差变得更明显了，如图5-49所示。

之后，按键盘上的Ctrl+Alt+2组合键将照片的高光部分选取出来。

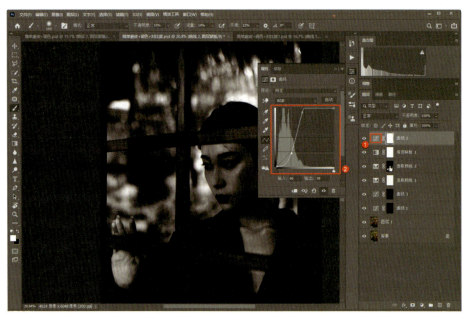

图5-49

隐藏上方的两个观察层，并单击鼠标左键选中选取颜色2这个调整图层，如图5-50所示。创建曲线调整图层，此时这个曲线调整图层针对的就是画面的高光部分。对高光部分再次进行提亮，这样原照片当中比较亮的区域会再次被提亮，画面就足够通透了，如图5-51所示。

图5-50

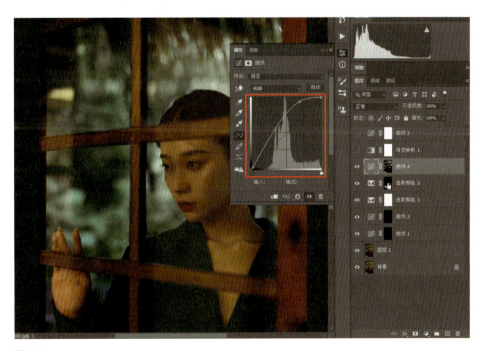

图5-51

但我们要提亮的是人物面部的高光部分，至于背景当中原本就比较亮的一些光斑则没有必要提亮。因此我们单击选中这个用于提亮的曲线调整图层，按Ctrl+G组合键添加一个图层组，再为添加的图层组创建一个黑蒙版，隐藏对高光的提亮效果，之后选择"画笔工具"，将"前景色"设为白色，将"不透明度"和"流量"提到最高，按住鼠标左键并拖动，在人物皮肤部分一些高亮的区域进行涂抹，还原出这些部分的提亮效果，如图5-52所示。

这样，人物皮肤部分就显得足够通透了。如果效果过于强烈，可以将这个图层的"不透明度"设定在"70%"左右，此时可以看到效果是比较自然的。

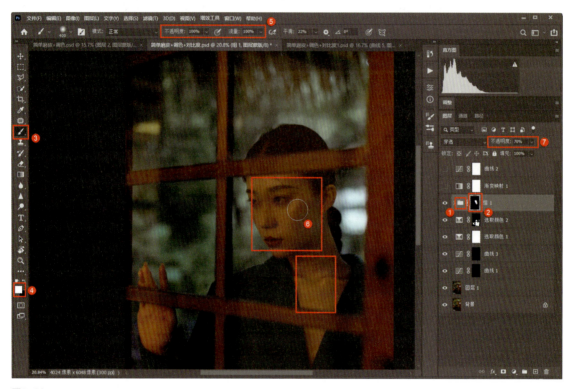

图5-52

对于人物头发不够黑、显得灰蒙蒙的部位，我们可以创建一个曲线调整图层，向下拖动曲线进行压暗，然后反相图层蒙版，隐藏压暗效果，再选择"画笔工具"，按住鼠标左键并拖动，对人物发灰的头发部分进行涂抹，将压暗效果还原出来，如图5-53所示。

如果压得过黑，也可以适当降低"不透明度"，将人物的头发部分调整到位。

放大照片，可以看到人物的眼睛当中没有眼神光，整体显得比较黑，这样人物会显得没有神采。可以创建一个色阶调整图层，向左拖动灰色和白色滑块，对照片进行提亮。对蒙版进行反相，隐藏提亮效果，选择"画笔工具"，设定"前景色"为白色，降低画笔的"不透明度"和"流量"到"10%"左右，按住鼠标左键并拖动，在人物黑眼球中有淡淡眼神光的位置进行涂抹，这样做即强化了眼神光，如图5-54所示。

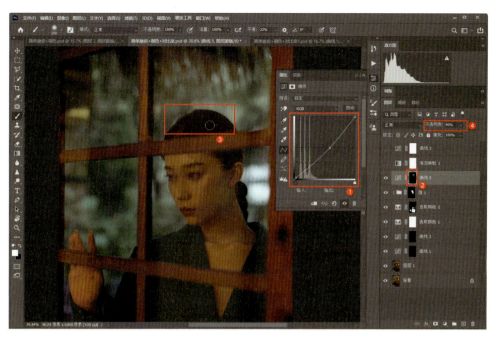

图5-53

图5-54

至此，这张照片最终调整完成，再将照片保存为PSD格式就可以了。

通过以上操作，我们就将这两张照片调整为协调一致的影调及色彩风格，放在一起看起来非常和谐。

第六章

空间摄影后期修图技巧

所谓空间修图，主要是指针对建筑内部空间进行全方位精修的后期过程。这种空间摄影常用于拍摄酒店的客房、房地产商的样板间，以及线下实体店等，应用比较广泛。本章将通过两个具体案例来介绍空间修图的全方位技巧。

6.1

一般空间修图

先来看第一个案例，包括4张原始图片与效果图。可以发现4张原图采用了包围曝光的方式进行拍摄，如图6-1~图6-4所示。前两张照片采用了不同的曝光值进行拍摄，并且现场开了灯；后两张照片是关掉室内照明灯之后，再次以不同的曝光值拍摄的。

当然，这4张照片都是借助三脚架以同一视角进行的固定拍摄。

之所以进行包围曝光拍摄，主要是为了便于进行HDR合成，因为只有HDR合成才能够避免高光的窗户部分出现严重的曝光过度问题，并能确保室内背光的暗部呈现出更多细节。

经过HDR合成及后期处理，可以看到最终的照片细节丰富，并且干净简洁，而且各区域色彩与影调都比较协调，画面整体给人一种非常高级的感觉，如图6-5所示。

图6-1

图6-2

图6-3

图6-4

图6-5

照片HDR合成与基本调整

将4张RAW格式的原图全选并拖入Photoshop，文件会自动在ACR中打开。

在ACR左侧的胶片窗格中单击鼠标右键选中一张照片，在弹出的快捷菜单中选择"全选"，即可全选胶片窗格中的所有照片，如图6-6所示。

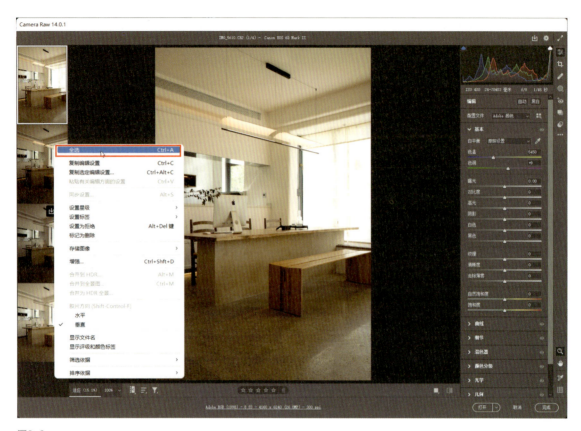

图6-6

单击鼠标右键，在弹出的快捷菜单中选择"合并到HDR"，如图6-7所示，会进入HDR合并预览界面。这时要注意右侧上方的"消除重影"这个选项，一般要设定为"低"或"中"，这样可以消除画面中因为光影变化而带来的模糊问题，之后单击"合并"按钮，如图6-8所示。

图6-7

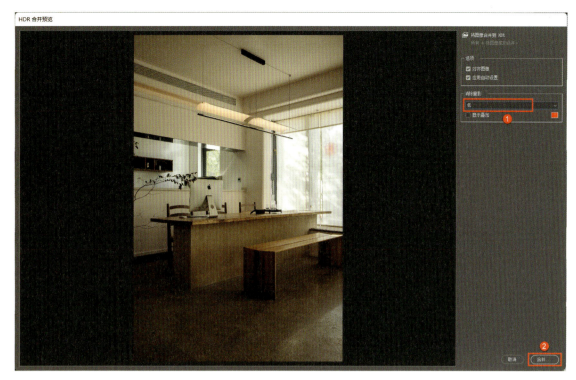

图6-8

弹出"合并结果"对话框,在其中
选择文件要保存的位置,文件名及
格式保持默认即可,然后单击"保
存"按钮,如图6-9所示。

此时合成之后的文件也会出现在
胶片窗格中并位于最下方。

接下来就可以对这个合成的DNG
格式文件进行后期处理了。实际
上当前ACR已经对这个文件进行
了默认的自动调整,我们可以手
动进一步微调。这种微调主要是
为了优化画面的影调层次,压暗
高光、提亮阴影以显示出更丰富
的细节。

图6-9

此时照片整体有些偏暖色调,主要是因为红色和橙色的成分比较多,因此可以稍稍降低"色温"值让画面整
体的色调变冷,如图6-10所示。

之后降低"自然饱和度"值以避免饱和度过高。调整色温及饱和度会对照片的影调产生一些影响，因此需再对"曝光""对比度"等影调参数进行微调，对画面的层次细节进行一定的优化，如图6-11所示。可以看到此时的照片画面效果好了很多，但是画面整体的色彩仍然不够干净、协调。单击"打开"按钮将照片载入Photoshop。

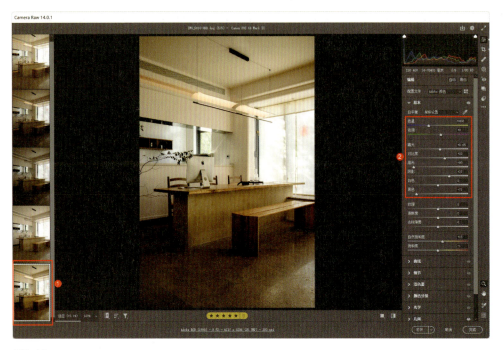

图6-10

图6-11

统一画面色调

此时我们会发现照片的上半部分色彩比较淡雅，还是可以的；但下半部分的桌子、长凳及地面等部分饱和度都比较高。

创建色相/饱和度调整图层，切换到"红色"通道，降低红色的饱和度，如图6-12所示；同样方式，再切换到"黄色"通道，降低黄色的饱和度。可以看到，此时部分区域饱和度较高的问题得到了很好的处理。

图6-12

因为我们要处理的主要是地面部分，因此对色相/饱和度调整图层的蒙版进行反相，隐藏调色效果，选择"画笔工具"，设定"前景色"为白色，将"不透明度"和"流量"调到最高，用画笔在地面部分擦拭，以还原出地面部分的调色效果，如图6-13所示。

从"图层"面板上可以看到，此时色相/饱和度调整图层的图标显示出调色效果所影响的区域。

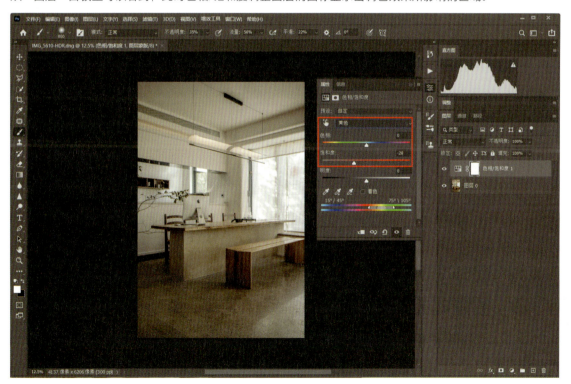

图6-13

如果要更清晰地观察涂抹的区域，可以按住键盘上的Alt+Shift组合键并用鼠标左键单击图层蒙版，让涂抹的部分显示出正常的颜色，未涂抹的部分以红色显示，如图6-14所示。按住键盘上的Alt+Shift组合键再次用鼠标左键单击图层蒙版可以退出观察状态。

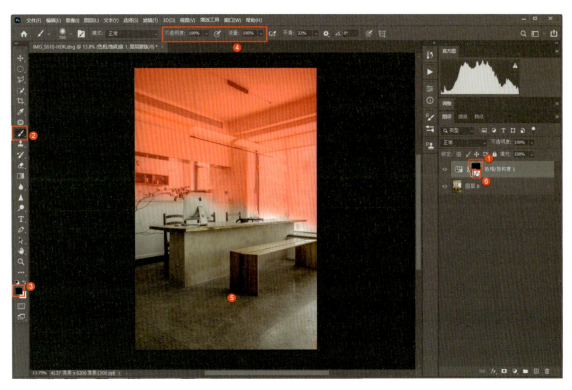

图6-14

以上操作虽然能够确保涂抹与未涂抹部分过渡比较平滑，但是对于边缘比较清晰的对象，效果就不够理想了。比如电脑显示器，可以看到明显有色彩不匀的问题。

如图6-15所示，此时可以使用"钢笔工具"，先将电脑显示器区域大致勾选出来。

图6-15

按Ctrl+Enter组合键将钢笔路径转为选区，打开"羽化选区"对话框，"半径"设定为"1"，单击"确定"按钮，如图6-16所示。

选择"渐变工具"，将"前景色"设为白色，"背景色"设为黑色，按住鼠标左键并拖动鼠标，通过渐变的方式对蒙版进行黑白的擦拭，将电脑显示器部分也擦拭出低饱和度的效果，如图6-17所示。

图6-16

图6-17

此时，观察上方的墙体及天花板部分，可以看到亮灯的区域饱和度还是比较高的，使用"钢笔工具"勾选灯光照射的遮光罩，如图6-18和图6-19所示，再转为选区。

图6-18

图6-19

单击鼠标左键选中色相/饱和度这个图层的蒙版图标，后按键盘的Alt+Delete组合键为选区内的部分填充上白色，即将这些部分还原出低饱和度的效果，如图6-20所示。为了避免选区内的色彩彻底变为灰色，将色相/饱和度这个调整图层的"不透明度"降低一些，让调整部分与未调整部分的色彩更加协调。

图6-20

观察画面中间的这个镜子区域发现色彩有些偏冷，我们可以将这个镜子部分选取出来，设定"羽化值"为"1"，然后单击"确定"按钮，如图6-21所示。创建色彩平衡调整图层，在"中间调"通道中提高"红色"值，降低"蓝色"值，让镜子部分与周边的墙体色彩更相近、更协调，如图6-22所示。如果调色效果过于强烈，可以稍稍调整图层的不透明度。

这样画面各个区域的色调都趋一致。

图6-21

图6-22

修复画面瑕疵

接下来，我们对画面当中的瑕疵进行修复。

在"图层"面板中单击鼠标左键选中最下方的像素图层，如图6-23所示。

在工具栏中选择"修补工具"，将照片中的开关、小的照明灯，以及电线修复掉，如图6-24~图6-27所示。

图6-23

图6-24

图6-25

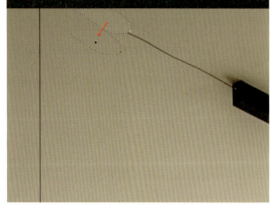

图6-26

图6-27

如图6-28所示，照片上方黑色长条灯座的左上方有明显的阴影，直接修复的效果并不理想，这时我们可以在工具栏中选择"套索工具"，再选取大片没有瑕疵的周边区域。按键盘上的Ctrl+J组合键将这片区域提取出来保存为一个单独的图层。在工具栏中选择"移动工具"，移动这片区域，以遮挡灯座左上角的瑕疵部分，如图6-29所示。

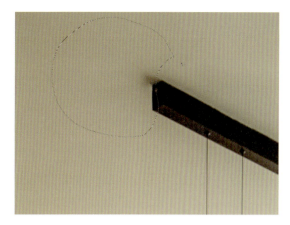

图6-28

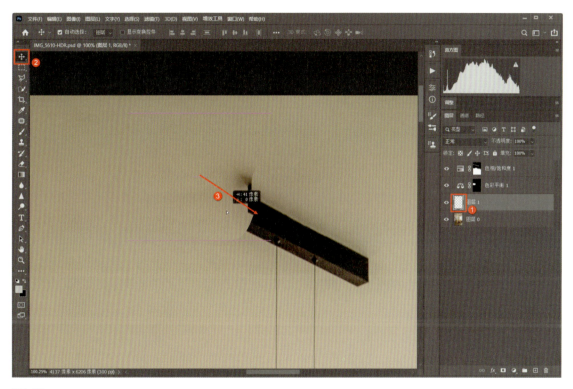

图6-29

为提取的图层创建一个黑蒙版，将这个图层遮挡起来。

在工具栏中选择"多边形套索工具"，在灯座边缘位置制作如图6-30所示的选区。由于我们后续要对灯座边缘的瑕疵区域进行擦拭，借助选区可以保护灯座不受擦拭的影响。

建立选区之后，设定选区"羽化半径"为"2"，然后单击"确定"按钮，如图6-30所示。

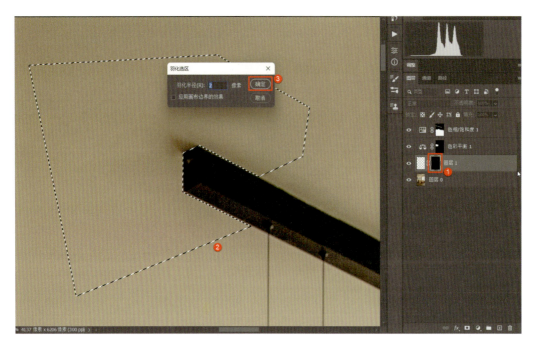

图6-30

在工具栏中选择"画笔工具"，将"前景色"设为白色，按住鼠标左键并拖动，在瑕疵位置进行涂抹，可以擦拭出我们之前复制的正常像素，这样就使正常像素图层遮挡住了瑕疵区域，如图6-31所示。

之后，按Enter+D组合键取消选区即可。

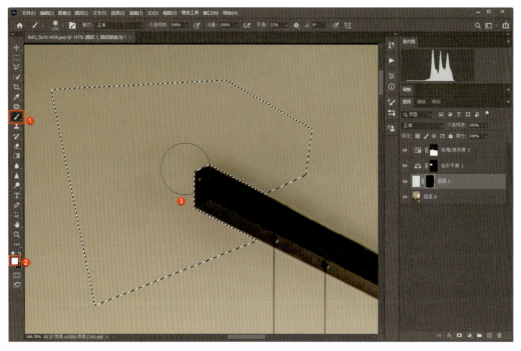

图6-31

检查与修复画面漏洞

创建渐变映射和曲线调整两个观察图层。对于曲线观察图层，可以向下拖动曲线进行压暗，以便观察照片中各区域的明暗关系，如图6-32所示。

对于照片中有明显瑕疵的位置，可以单击选中下方的图层0这个像素图层，如图6-33所示；选择"修补工具"，对这些明显的瑕疵进行修复，如图6-34所示。

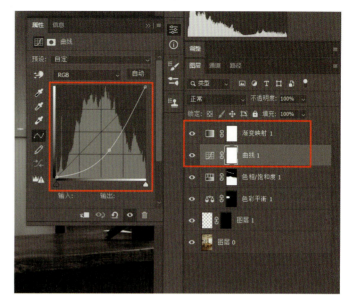

图6-32

图6-33

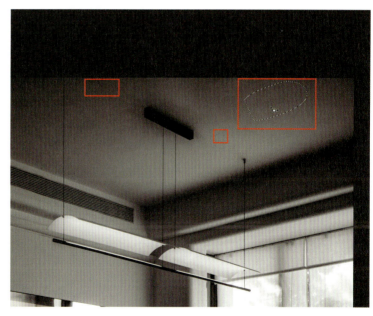

图6-34

之后，便可以隐藏这两个观察图层。

在这张照片中，我们可以看到电脑显示器的色彩是有些不干净的，并且与环境的融合度太高，显得不是很清楚。这台显示器是银色的，因此我们可以先创建一个渐变映射调整图层，将画面转为黑白状态，如图6-35所示。

图6-35

对这个调整图层进行反相，隐藏黑白效果，如图6-36所示。

图6-36

选择"钢笔工具"，勾选出显示器、鼠标和键盘并建立选区，设定"羽化半径"为"1"，单击"确定"按钮返回，如图6-37所示。

单击鼠标左键选中渐变映射调整图层的蒙版，如图6-38所示。将"前景色"设为白色，按键盘上的Alt+Delete组合键为选区填充前景色。这样选区内的部分就还原出了黑白效果。为了避免黑白效果过于明显，与周边环境反差太大，可以稍稍降低这个图层的"不透明度"，如图6-39所示，让显示器既突出，又与周边环境有很好的融合度。

图6-37

图6-38

图6-39

画面当中的红色比较暗，创建一个色相/饱和度调整图层，选择"红色"通道，提高红色的"明度"，让红色部分更加轻盈一些，如图6-40所示；切换到"黄色"通道，提高黄色的"明度"，如图6-41所示。至此，画面整体的调整初步完成。

图6-40

图6-41

盖印图层，如图6-42所示。

图6-42

输出前的设定：协调画面、锐化与添加杂色

进入"Camera Raw滤镜"对画面的整体影调层次再次进行优化。如图6-43所示，稍稍降低"曝光"值、提高"对比度"值，让画面层次更丰富；降低"高光"值，避免高光部分出现高光溢出的问题；提高"纹理"和"清晰度"值，让画面整体的轮廓和细节更加清晰锐利。

图6-43

放大照片，发现暗部存在噪点，切换到"细节"面板，在其中提高"减少杂色"值，消除照片中的噪点，让画质更平滑、细腻，如图6-44所示。

图6-44

切换到"效果"面板，为照片画面添加一点杂色，可让照片画质更加统一协调，并富有胶片的质感，如图6-45所示。

图6-45

回到"基本"面板，再次对画面整体进行一定的优化和微调。这样我们就完成了照片的全部后期处理过程，单击"确定"按钮返回，如图6-46所示，再将照片保存就可以了。

图6-46

6.2

有特殊操作的空间修图

再来看第二个案例。第二个案例的修图思路与第一个大致相同，但这个案例中有几个比较复杂的问题需要处理。我们应重点注意这几个难点的处理技巧。

同样是4张原始照片，包括开灯状态下不同曝光值的两张照片，以及关灯状态下不同曝光值的两张照片，如图6-47~图6-50所示。

从图6-51所示的调整后的效果图可以看到，很多小的照明灯让照片显得有些乱，因此我们将其修掉了，照片中凹凸不平的墙体我们也进行了调整。调整之后的效果图看起来非常干净，并且有高级感。

图6-47

图6-48

图6-49

图6-50

图6-51

照片HDR合成与基本调整

选中全部素材拖入Photoshop，自动载入ACR。

在胶片窗格中全选所有素材，然后单击鼠标右键，在弹出的快捷菜单中选择"合并到HDR"，如图6-52所示。在打开的HDR合并预览界面中设定"消除重影"为低，并单击"合并"按钮，如图6-53所示。

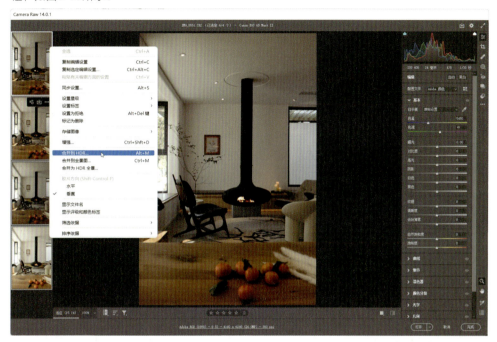

图6-52

图6-53

在打开的"合并结果"对话框中
选择文件保存的位置，文件名称
和保存类型保持不变，单击"保
存"按钮，如图6-54所示。

这样操作后，保存的结果同样会
载入胶片窗格。我们要对保存的
结果进行影调的调整，并且适当
降低"自然饱和度"值，避免画
面当中的饱和度过高，如图6-55
所示。

图6-54

图6-55

切换到"细节"面板，提高"减少杂色"值，提高"杂色深度减低"值，消除照片当中的噪点，如图6-56所示。

回到"基本"面板，提高"纹理"值，让画面的清晰度更高一些，单击"打开"按钮，如图6-57所示。

图6-56

图6-57

通过合成解决局部影调问题

合成之后的窗户部分亮度依然非常高，并且有一些纹理失真的问题，过渡不够自然。针对这种情况，我们可以使用曝光值比较低的一张照片的窗户部分来对这部分进行遮挡。

将曝光值比较低的RAW格式文件拖入Photoshop，在ACR当中打开，降低"曝光"值，降低"高光"值，然后单击"确定"按钮，如图6-58所示。

图6-58

这样，HDR合成后的照片和低曝光值照片都会在Photoshop中打开。切换到低曝光值照片，在工具栏中选择"移动工具"，按住Shift键的同时在低曝光值照片上按下鼠标左键，将其拖动到HDR合成结果照片上之后松开鼠标左键，低曝光值照片会与HDR合成照片的画面完全重合起来，如图6-59所示。

为低曝光值照片图层创建一个黑色蒙版，将其隐藏起来，如图6-60所示。在工具栏中选择"画笔工具"，将"前景色"设为白色，将"不透明度"和"流量"提到最高，缩小画笔直径并用画笔在窗户部分进行涂抹，将低曝光值照片的窗户部分还原出来。

图6-59

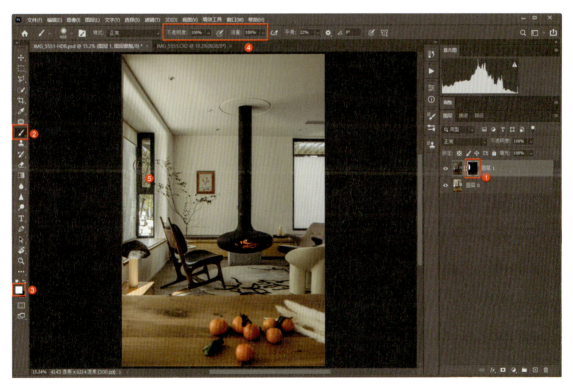

图6-60

为了避免还原后的窗户部分过暗，可以稍稍降低图层的不透明度，让上方低曝光值照片的窗户区域与HDR合成照片的融合度更高，明暗过渡更自然，如图6-61所示。

图6-61

修复画面瑕疵

接下来我们对照片进行瑕疵修复。单击下方的像素图层，按键盘上的Ctrl+J组合键复制一个图层出来，在工具栏中选择"修补工具"，将照片中的小照明灯等干扰视线的瑕疵修掉，这样整个天花板会更干净，如图6-62所示。

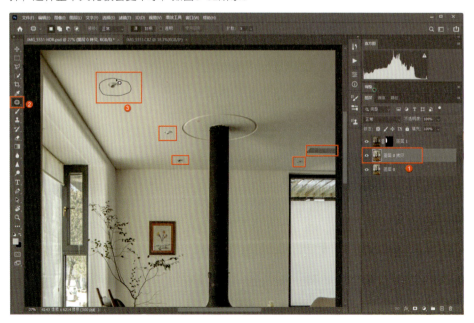

图6-62

放大照片，按住键盘的空格键的同时按下鼠标左键拖动照片，检查照片中的明显瑕疵，用"修补工具"将这些干扰和瑕疵修掉。

继续拖动并查找，找到明显的瑕疵后一一修掉。这些瑕疵包括中间火炉上的污点，地毯上的污点、脚印等，如图6-63~图6-65所示。左侧墙根处的瑕疵也要修掉，如图6-66所示。

图6-63

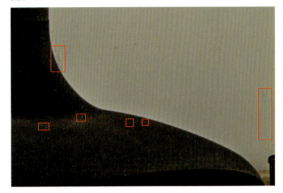

图6-64

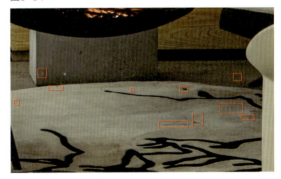

图6-65

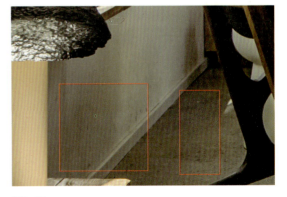

图6-66

双曲线调整，让画面更干净

对画面进行瑕疵修复之后，创建曲线观察图层。在曲线观察图层中，要稍稍向上拖动曲线进行提亮，以便观察明暗关系，如图6-67所示。

创建曲线调整图层，向上拖动曲线以提亮画面，将蒙版反相，隐藏提亮效果。在工具栏中选择"画笔工具"，将"前景色"设为白色，"不透明度"和"流量"设定为"10%"左右，缩小画笔直径并用画笔对照片中杂乱的阴影部分涂抹进行提亮，如图6-68所示。

图6-67

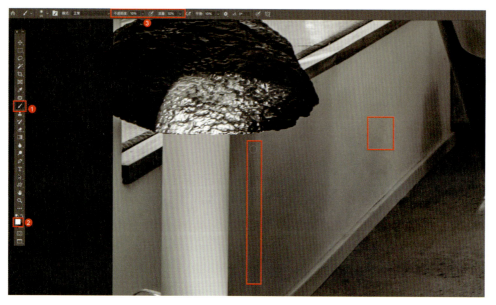

图6-68

地毯部分的阴影明暗差别很大，因此要注意在涂抹提亮时，随时调整画笔的不透明度，让提亮效果自然，如图6-69所示。

对窗户高光的遮挡也属于瑕疵修复操作的一种，所以这里我们可以右键单击遮挡窗户的这个图层空白处，在弹出的快捷菜单中选择"向下合并"，如图6-70所示，将这个图层合并到图层0拷贝这个修瑕疵的图层上。

图6-69

图6-70

之后，创建曲线调整图层，向下拖动曲线，如图6-71所示，用于压暗画面，然后对蒙版进行反相，隐藏压暗效果。这个图层主要用于压暗照片中比较亮的部分，如图6-72所示，类似于人像摄影当中的双曲线磨皮。

放大照片，检查比较杂乱的亮部区域，选择"画笔工具"对这些区域进行涂抹，还原压暗效果。至此，就借助双曲线对照片的光滑度完成了调整，可以看到照片现在更细腻、干净了。

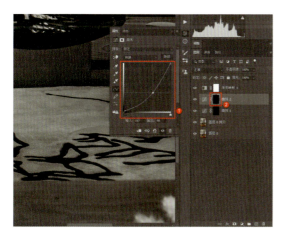

图6-71

图6-72

制作渐变，过渡不平整的墙面

照片的天花板部分是我们处理的一个难点，可以看到凹凸不平的问题非常严重。针对这种情况，我们可以先使用"钢笔工具"将天花板勾选出来，然后按Ctrl+Enter组合键将钢笔路径转为选区，将"羽化半径"设定为"3"，单击"确定"按钮，如图6-73所示。

再单击图层0拷贝这个瑕疵修复图层，在它上面创建一个空白图层。在工具栏中选择"吸管工具"，在天花板上比较亮的位置单击取色，如图6-74所示。

图6-73

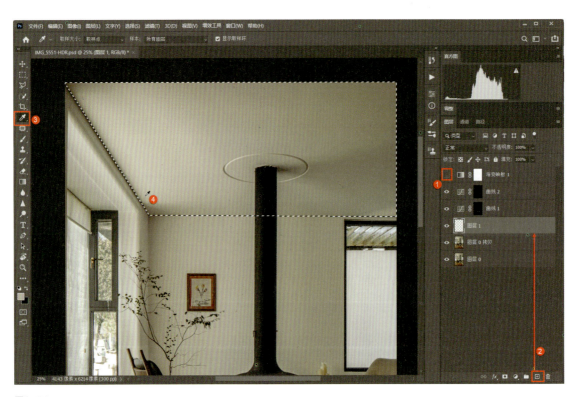

图6-74

按键盘上的Alt+Delete组合键为天花板、也就是选区部分填充比较亮的灰色，如图6-75所示。

隐藏比较亮的灰色这个图层，再次选择"吸管工具"在天花板上比较暗的位置进行取色。

再次创建空白图层，并按键盘的Alt+Delete组合键为新创建的空白图层选区填充比较暗的灰色，如图6-76所示。

图6-75

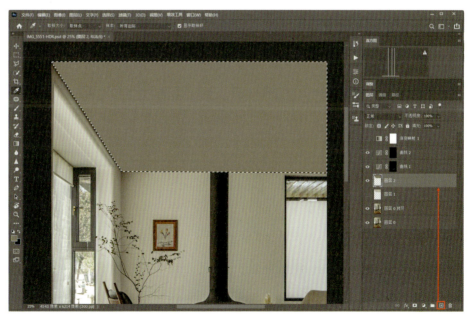

图6-76

之后，为下方这个填充较暗灰色的图层创建图层蒙版，在工具栏中选择"渐变工具"。设定"前景色"为黑色，"背景色"为白色，按住鼠标左键并在天花板上拖动制作渐变，确保天花板左侧还原出比较亮的灰色，右侧保持比较暗的灰色，如图6-77所示。

图6-77

选中天花板暗和亮的这两个灰色图层，然后单击鼠标右键，在弹出的菜单中选择"合并图层"，如图6-78所示，将这两个图层合并起来。

图6-78

稍稍降低图层的"不透明度"，可以看到天花板整体变得平滑起来，解决了凹凸不平的问题，如图6-79所示。

图6-79

照片中火炉的烟筒及周围的天花板圆形区域灰蒙蒙的。可以使用"钢笔工具"先将烟筒勾选出来，转为选区，选区的"羽化半径"设定为"3"，然后单击"确定"按钮，如图6-80所示。

图6-80

再为勾选的烟筒部分填充黑色，遮挡住灰色的效果，如图6-81所示，露出下方清晰的烟筒。

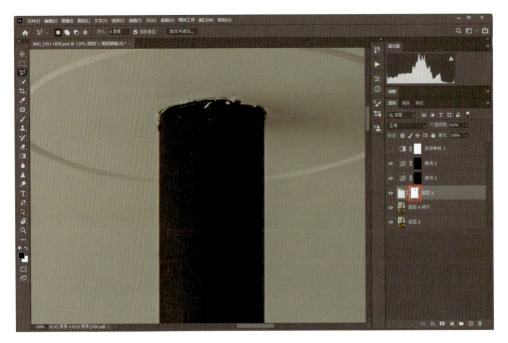

图6-81

再次选择"钢笔工具"，勾选天花板中间的圆形区域，如图6-82所示，并将钢笔路径转为选区，"羽化值"设定为"2"或"3"，然后单击"确定"按钮。

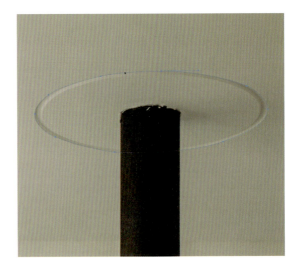

图6-82

按键盘上的Alt+Delete组合键为圆形区域填充前景色黑色，以遮挡灰色，显示出清晰的背景图层部分，如图6-83所示。

原图中，天花板四周有明显的阴影，但制作渐变后阴影消失了，天花板显得不够立体。这时我们可以使用"渐变工具"，按住鼠标左键并在天花板四周拖动制作渐变，还原出背景的阴影，让天花板整体显得更立体，光影层次更丰富、更真实，如图6-84所示。

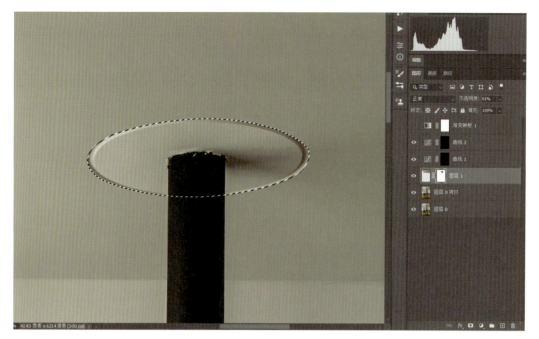

图6-83

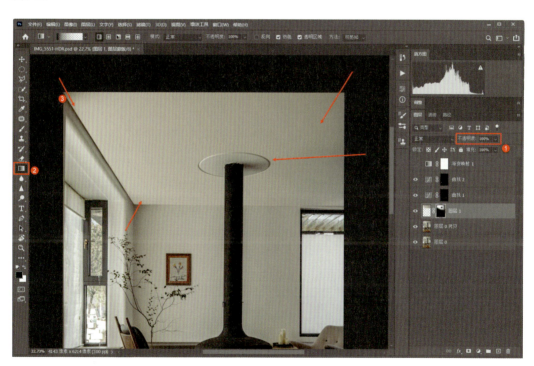

图6-84

对于天花板右侧明显发亮的区域，我们可以建立一个选区，然后创建一个空白图层，选择"画笔工具"，将"前景色"设为之前我们取色的色彩，降低画笔的"不透明度"和"流量"，按住鼠标左键并拖动，在这个位置进行涂抹、压暗，如图6-85所示。之后按Ctrl+D组合键取消选区，就完成了天花板区域的调整。

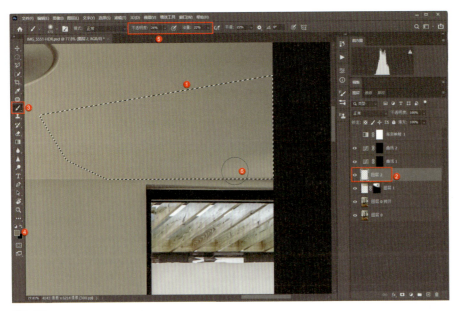

图6-85

统一画面色调

针对照片地面部分有一些偏红的问题，创建一个色相/饱和度调整图层，切换到"红色"通道，降低红色的"饱和度"和"明度"，让这些区域的色感变弱，整体变暗，如图6-86所示。之后切换到"黄色"通道，降低黄色的"饱和度"和"明度"，如图6-87所示。

以上操作相当于降低了暖色调的色感和明亮度，此时可以看到画面整体色彩更加协调了。

图6-86

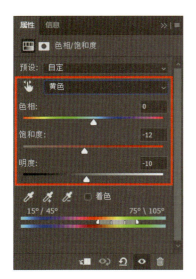

图6-87

之后，创建曲线调整图层，创建一条弧度较小的S形曲线，稍微增加画面的反差。为了避免这种反差调整导致画面产生较大的色彩变化，可以将这个曲线调整图层的"混合模式"改为"明度"，这会降低操作对于色彩的影响，如图6-88所示。

至此，照片的调色、瑕疵修复初步完成。

图6-88

输出前的调整及设定

盖印图层，如图6-89所示。

进入"Camera Raw滤镜"以便对画面整体的影调、清晰度等再次进行微调。主要包括稍稍提高"曝光"值，降低"高光"值，提高"纹理"和"清晰度"值以便让画面更清晰，如图6-90所示。

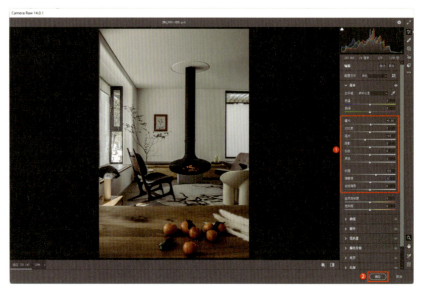

图6-89   图6-90

保存照片时，单击点开"文件"菜单，选择"存储为"命令，在打开的"存储为"对话框中将文件保存为
PSD格式即可，如图6-91所示。

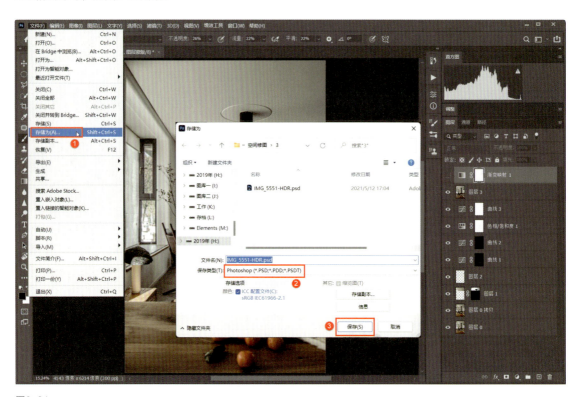

图6-91

如果我们要将照片保存为JPEG格式，那么可以在保存PSD文件作为备份之后，右键单击某个图层的空白处，在弹出的快捷菜单中选择"拼合图像"，如图6-92所示。此时弹出提醒框，提醒"要扔掉隐藏的图层吗？"，单击"确定"按钮，如图6-93所示。

之后，再打开"文件"菜单，选择"存储为"命令，在打开的"存储为"对话框中选择保存类型为JPEG，然后单击"保存"按钮即可，如图6-94所示。

这样我们就完成了这个案例的所有处理步骤。

图6-92

图6-93

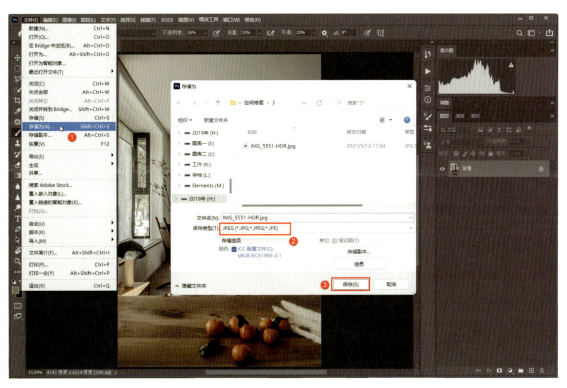

图6-94

CHAPTER —————————— SEVEN

第七章

美食摄影后期
修图技巧与流程

本章以一个具体案例来介绍美食类题材照片的
后期处理技巧。

下面以一张刺身照片为例，介绍美食题材的后期修图技巧。

原图有两张，一张是正常拍摄，如图7-1所示；另一张则在拍摄时对中间的菜品部分打了光，如图7-2所示。

两张图片各有问题，第一张中间的食材部分不够通透，效果不够立体，色泽也有所欠缺；第二张中间的食材部分光稍稍有些硬，显得不够柔和。

图7-1

图7-2

图7-3

最终，我们通过两张照片的叠加合成，以第一张照片为基础，中间食材适当叠加了第二张照片的食材部分的效果，经过适度的融合，得到了非常好的效果，如图7-3所示。

7.1
照片修图思路分析

我们对素材照片的处理思路进行了标注，可以看到是非常清楚的，如图7-4所示。重点要强化食材部分，对周边的干扰进行弱化，包括压暗及降低色彩饱和度等。另外，还要对照片中杂乱的反光点和光斑进行修复，让画面显得更干净。

图7-4

7.2

在ACR中进行照片基本处理

下面来看具体的处理过程。

把两张RAW格式文件拖入Photoshop，因为是RAW格式，所以会自动载入ACR，如图7-5所示。

图7-5

对没有打光的第一张照片进行影调层次的优化。因为这张照片将要作为底图使用，所以与第二张照片相比处
理的幅度稍大一些，重点是要提高"曝光"值以整体提亮画面，适当降低"高光"值以避免高光溢出，提高
"阴影"值以追回更多暗部细节，并且还要降低"黑色"值，让画面整体更通透，如图7-6所示。

对第二张打光的照片，稍稍提高"曝光"值让整体变亮一些，并提高"阴影"值，继续追回细节，如图7-7
所示。

图7-6

图7-7

7.3

素材照片合成

两张照片的调整幅度都不宜太大，否则后续两张照片合成时可能会出现不协调的问题。上述简单调整是比较合理的。

之后，在胶片窗格同时选中两张照片，然后单击"打开"按钮，将两张照片在Photoshop中打开。

在工具栏中选择"移动工具"，然后选中打光的照片，按住键盘上的Shift键的同时用鼠标将其拖动到没有打光的背景图上。这样，两张照片就叠加到了一起，并分布在两个不同的图层上，如图7-8所示。

图7-8

Tips
按住Shift键拖动可以确保两张照片更好得重合起来。

为了避免两张照片重合度不够，在"图层"面板中按住Ctrl键并分别单击两个图层，选中这两个图层，然后点开"编辑"菜单，选择"自动对齐图层"命令，在打开的"自动对齐图层"面板中保持默认的"自动"选项，然后单击"确定"按钮，对两个图层进行对齐处理，即可确保两个图层的像素能准确地对齐，如图7-9所示。

图7-9

单击鼠标左键选中上方图层，按住键盘上的Alt键的同时单击创建图层蒙版按钮，这样可以为上方的图层创建一个黑色蒙版，即将上方打光图层遮挡起来，如图7-10所示。

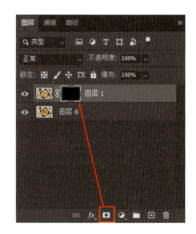

图7-10

在工具栏中选则"画笔工具"，"前景色"设定为白色，先将画笔"不透明度"设定为"100%"，按住鼠标左键并拖动，在中间的食材位置涂抹擦拭，将虾头、青菜叶子、刺身等受光线照射，或是要重点表现的位置擦拭出来，露出打光的效果，如图7-11所示。

对于非常强烈的阴影区域，不要擦拭还原，否则将导致画面重点区域光比过大，影调就不自然了。

图7-11

对于重点位置周边的区域，要适当降低画笔不透明度再进行擦拭还原，这样可以让各个区域的明暗过渡更自然，如图7-12所示。

还原出食材部分后，按住键盘上的Alt+Shift组合键同时用鼠标左键单击黑蒙版，使用红色的观察图层，如图7-13所示，观察擦拭还原效果。

对于不理想的位置，还可以继续使用画笔进行擦拭。擦拭时注意随时调整画笔的不透明度，要让擦拭与未擦拭区域的过渡平滑、自然。

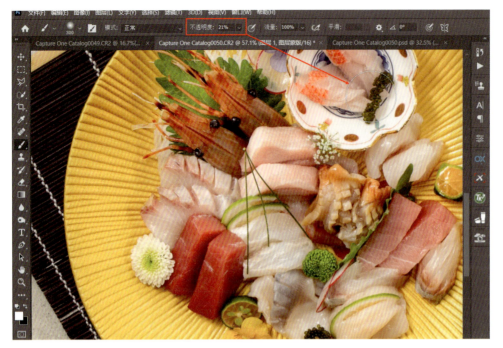

图7-12

图7-13

7.4

画面元素影调及色彩调整

画面左上角黑色盘子中的花可以适当提亮一些，从而可以对中间的食材形成很好的修饰效果。

创建曲线调整图层，适当向上拖动曲线，可以看到黑盘子中的花变亮了，当然，画面其他部分也会随之变亮，如图7-14所示。

图7-14

因为我们只想要盘子中的花朵变亮，所以按键盘上的Ctrl+I组合键对蒙版进行反相，遮挡提亮效果，如图7-15所示。然后选择"画笔工具"，"前景色"设为白色，调整画笔直径大小，按住鼠标左键并拖动，在花朵上擦拭，将花朵还原出来即可。

这样，就实现了花朵提亮而其他元素不会变化的效果。

左下方盘子中间位置亮度偏低，也需要提亮，因此适当降低画笔的"不透明度"，在左侧盘子中间区域涂抹擦拭，将这部分也还原出提亮效果，如图7-16所示。

图7-15

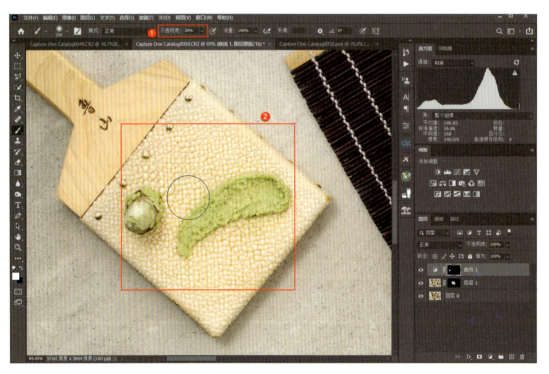

图7-16

照片当中，中间大盘子之外的区域有些元素的饱和度是过高的，这会对中间大盘子及食材形成干扰，所以要对周边的干扰物适当降低饱和度。

创建色相/饱和度调整图层，降低全图的"饱和度"；按Ctrl+I组合键对蒙版进行反相，遮挡降低饱和度的效果，如图7-17所示。

图7-17

选择"画笔工具"，设定"前景色"为白色，按住鼠标左键并拖动，在需要降低饱和度的周边静物上涂抹擦拭，让这些区域显示出降低饱和度的效果。图7-18中已经标出了需要降低饱和度的区域，操作鼠标在这些位置拖动涂抹即可。

图7-18

图7-19中所标示出的左下角盘子的两个角亮度有些高，因此创建曲线调整图层，然后反相蒙版，再用白色画笔（适当降低"不透明度"）在这两个位置擦拭，将这两个位置的亮度降下来，让左下角盘子整体的亮度更均匀。

图7-19

右侧用于修饰的植物，色彩有些发飘，不够沉稳。我们用"可选颜色工具"来进行调整。

创建可选颜色调整图层，切换到"绿色"通道，提高"青色"值，提高"黑色"值，让绿色的色彩亮度降下来。如果感觉效果不够明显，可以在面板下方选择"绝对"这个选项，这会让调整效果会更明显，如图7-20所示。再切换到"黄色"通道，提高"黑色"值，压暗黄色，如图7-21所示。

图7-20

图7-21

按Ctrl+I组合键反相蒙版，遮挡调整效果，如图7-22所示。设定白色画笔，将要调色的区域还原出来。

图7-22

至此，各区域的影调及色调优化初步完成。

按住Ctrl键同时分别单击位于上方的4个图层进行选择，如图7-23所示；之后单击"图层"面板底部的创建组按钮，将这几个图层收入组中，如图7-24所示。

双击组名称，在出现的文本框中输入组名字"基础调色"，如图7-25所示。

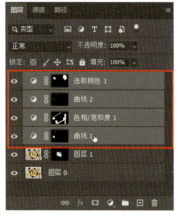

图7-23

图7-24

图7-25

7.5

画面瑕疵修复

单击"图层"面板右下角的创建空白图层按钮，创建一个空白图层，如图7-26所示，用来对画面中的光斑和瑕疵进行修复。

在工具栏中选择"仿制图章工具"，降低"不透明度"到"30%"左右，设定样本为"当前和下方图层"，这样才能确保可以对空白图层下方的原始图层进行修复。

在光斑或瑕疵周边的正常像素区域中按住键盘上的Alt键同时单击鼠标左键取样，然后将鼠标移动到光斑或瑕疵区域上单击鼠标左键进行修复，如图7-27所示。这样即可用正常像素修复瑕疵区域。

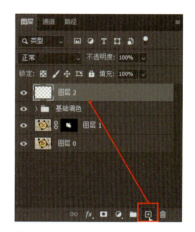

图7-26

图7-27

修复完成后，按住键盘上的Ctrl键并单击空白图层，可以查看修复区域，如图7-28所示。可以看到要修复的位置是非常多的，这也是非常耽误时间的一个环节，要认真、仔细地修复。

图7-28

Tips

修复过程当中，要随时按键盘上的Ctrl++或Ctrl+-组合键来放大或缩小照片，对光斑和瑕疵进行修复。在照片放大状态下，可以按住键盘上的空格键，让光标变为抓手状态，拖动改变观察位置。

7.6

对画面元素重新塑型

完成光斑及瑕疵修复后，按键盘上的Ctrl+Alt+Shift+E组合键盖印图层，如图7-29所示。这相当于将之前所有的处理效果压缩为一个图层。

点开"滤镜"菜单，选择"液化"命令，如图7-30所示。

进入"液化"面板，在其中对那些不够饱满，或是形状不太好看的食材进行液化处理，让食材变得更美观一些。（这相当于人像摄影中借助"液化"命令来对人物的五官进行液化塑型，让人物更漂亮。）

调整完毕后单击"确定"按钮返回，如图7-31所示。

图7-29

图7-30

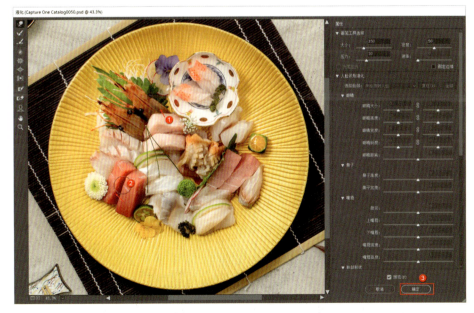

图7-31

7.7

对画面进行查漏补缺

观察整个画面，左侧黑盘子中有一些光斑和干扰物，因此选择"仿制图章工具"，降低"不透明度"到
"30%"左右，将盘子中不够理想的瑕疵修掉，如图7-32所示。

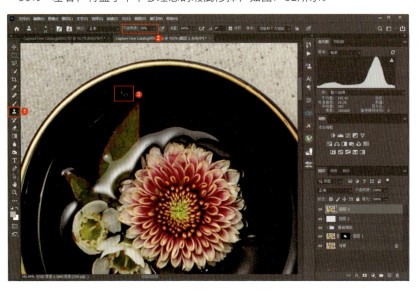

图7-32

因为背景不够大，画面右侧出现了黑边，这时需要修掉。

在工具栏中选择"矩形选框工具"，框选出右侧的黑边，并包含进一些正常的背景，如图7-33所示。按键盘
上的Ctrl+J组合键，将选择区域提取出来保存为一个单独的图层。在工具栏中选择"移动工具"，鼠标左键
点住复制出来的图层并向右移动，遮挡住黑边，如图7-34所示。

图7-33

图7-34

按住Alt键为复制的图层创建一个黑色蒙版，然后设定白色画笔，"不透明度"设定为"100%"，按住鼠标左键并拖动在黑边位置擦拭，这样可以将黑边遮挡起来，如图7-35所示。

至此，照片的大部分处理就完成了。

接下来，创建渐变映射调整图层，以此作为一个观察图层，观察照片当中影调分布不匀的情况。

在创建的渐变映射调整图层中，单击黑白色调，打开"渐变编辑器"面板，在其中选择从黑到白的渐变，然后单击"确定"按钮，这样画面的显示效果会更直观一些，如图7-36所示。

图7-35

图7-36

为了更直观地观察，创建曲线调整图层，向下拖动曲线，压暗画面，如图7-37所示。

此时可以看到盘子边缘处的影调过渡明暗不匀，不够理想。

图7-37

这时不能直接调整，因为上方的曲线调整图层和渐变映射调整图层只
是观察层，后续是要删掉的。所以在"图层"面板中，单击鼠标左键
选中修复黑边的图层，如图7-38所示。

图7-38

在此位置创建曲线调整图层，可以看到创建的曲线调整图层是位于两个观察图层下方的。向上拖动曲线，对
画面进行提亮，如图7-39所示，这个图层准备用于对偏暗的位置进行提亮。

反相蒙版，选择白色画笔，降低画笔"不透明度"到"20%"左右，然后用画笔在想要提亮的位置擦拭涂
抹，还原出这些区域的提亮效果，如图7-40所示。

图7-39

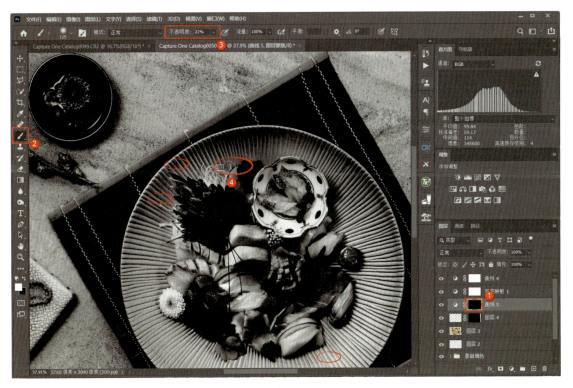

图7-40

再观察盘子，图7-41中所示的位置亮度是有些高的，需要压暗。

创建曲线调整图层，向下拖动曲线进行压暗，然后反相蒙版。

选择白色画笔，依然保持较低的"不透明度"，按住鼠标左键拖动，在需要压暗的位置擦拭，将压暗效果体现出来，如图7-42所示。

图7-41

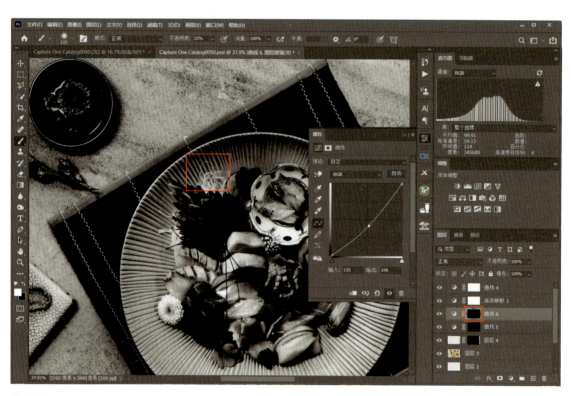

图7-42

实际上，对于这个画面来说，盘子整体都应当再暗一些，以避免对食材形成干扰，所以在此对盘子边缘各区域都要适当涂抹擦拭，还原出压暗效果，如图7-43所示。

左侧盘子各个区域的亮度也不太均匀，因此用前面同样的步骤，匀化左侧盘子各区域的亮度，如图7-44所示。

图7-43

图7-44

7.8

输出前的最终检查与锐化

单击选中曲线6这个调整图层，盖印图层，如图7-45所示，然后点掉上方两个观察图层前的小眼睛图标，将这两个图层隐藏起来。

在英文输入法状态下，按键盘上的Ctrl+Shift+A组合键进入"Camera Raw滤镜"。适当提高"纹理"值，强化画面的锐度，如图7-46所示。

在工作区右下角单击对比调整前后的图标，观察强化纹理前后的效果变化，可以看到还是有明显区别的，调整后的图片锐度变高。

之后，单击"确定"按钮返回。

图7-45

图7-46

在输出照片之前，放大照片，观察各个区域，找到瑕疵后，在工具栏中选择"污点修复画笔工具"，按住鼠标左键并拖动，在瑕疵上涂抹擦拭，将瑕疵修复掉，如图7-47所示。

至此，照片处理完成。

删掉上方的两个观察图层，再将照片保存即可。

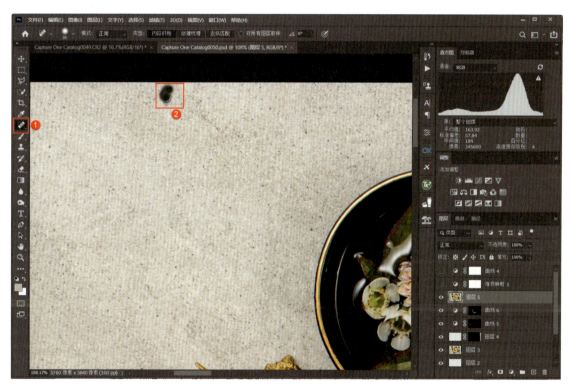

图7-47

第八章

美食摄影素材合成与精修

本章我们将通过一个具体案例来介绍美食摄影题材中非常复杂的一类后期技巧。所谓复杂，主要是指会涉及多种素材的合成以及背景的精修。

三张原始的素材图，如图8-1~图8-3所示。很多时候，我们准备的食材样品不是特别多，而在最终实现的效果中，需要显示出较多的食材。这时我们就要将这些食材分多次摆在同一张背景纸上的不同位置进行拍摄，再最终合成为一张食材丰富的照片。第一排的摆放比较简单，但摆第二排的时候，要在第一排的位置留一个食材。这样做是为了方便我们在后期时观察第一排与第二排之间的透视和光影关系，留下的食材可以作为一个很好的参考。第三排同样如此。

最终合成之后的画面如图8-4所示，可以看到素材之间的透视与光影关系都比较理想。

本案例的另外一个关键点是对背景纸的效果处理。我们可以看到，原素材当中背景纸的边缘并不是特别理想，有一些瑕疵，在合成之后，我们就需要对背景纸的边缘线条进行优化，这也是本案例的一个难点。

图8-1

图8-2

图8-3

图8-4

8.1

照片素材同步与基本调整

下面来看具体的处理过程。

全选这三张素材照片，拖入Photoshop，图片会自动载入ACR当中。从左侧的胶片窗格当中可以看到这三张照片，如图8-5所示。全选这三张照片。

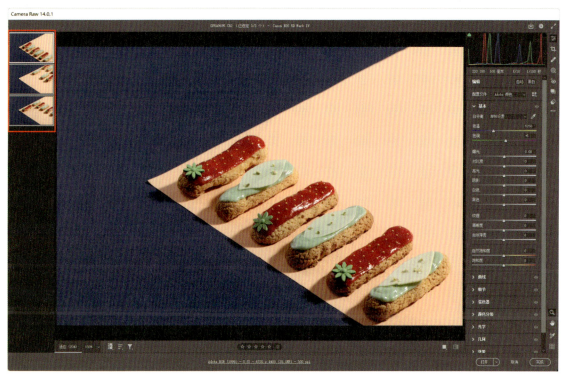

图8-5

全选之后，在右侧展开"基本"面板，对三张照片的影调进行处理。因为我们已经对三张照片进行了全选，所以此时的处理是针对三张照片同时进行的，相当于进行了素材的同步处理。

处理的参数设定主要包括提亮"阴影"，让暗部显示出更多的层次和细节；降低"黑色"值，让照片中最黑的部分足够黑，令照片更通透；照片的亮部整体稍稍有些高，因此降低"高光"值，恢复亮部的层次和细节；稍微提高一下"对比度"，以便丰富照片的层次。可以看到调整后照片的效果好了很多，如图8-6所示。

最后单击"打开"按钮，这样三张照片就会同时载入Photoshop。

图8-6

8.2

素材照片合成

我们在Photoshop中找到第二排食材照片，在工具栏中选择"移动工具"，鼠标左键点住这张素材照片，向第一排食材照片的标题上拖动，如图8-7所示。切换到第一排食材照片之后，松开鼠标左键。

这里要注意的是，向第一排食材照片拖动第二排食材照片时，要同时按住键盘的Shift键，这样松开鼠标左键之后，两张照片才会非常准确地对齐，能重合在一起。

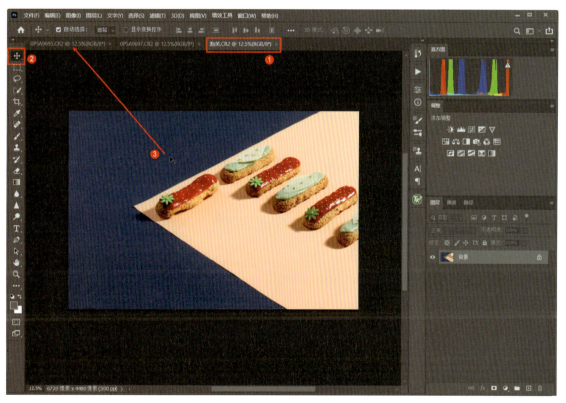

图8-7

为上方的第二排食材照片图层创建一个黑蒙版，将这个图层遮挡住，如图8-8所示。

在工具栏中选择"画笔工具"，"前景色"设为白色，"不透明度"和"流量"设为"100%"，然后按住鼠标左键并拖动，在第二排食材的位置进行涂抹。涂抹时要注意第二排与第一排投影结合的边缘位置，并且画笔直径要缩小一些，非常仔细地涂抹，避免擦掉第一排食材边缘的像素，如图8-9所示。

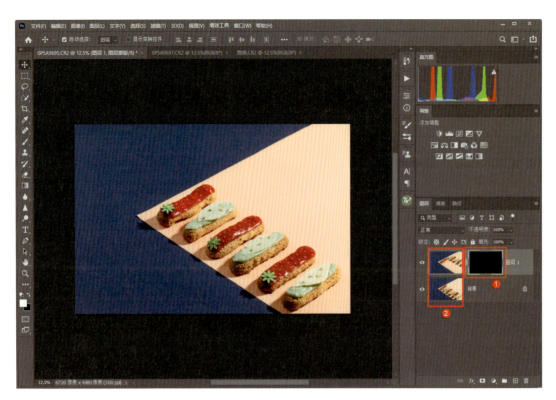

图8-8

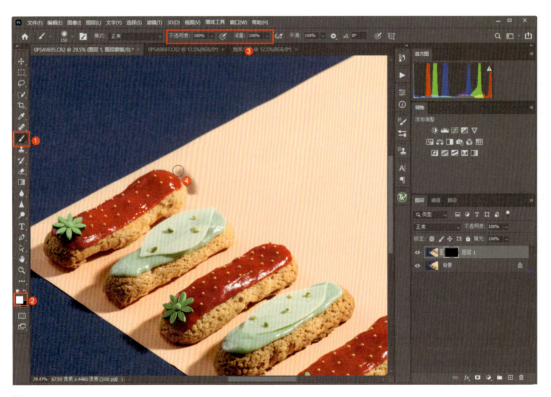

图8-9

对于第二排食材主体部分，画笔直径可以放大一些，快速地将其擦拭出来，如图8-10所示。

图8-10

对于边缘结合部位，可能还需要进一步放大照片进行观察，然后继续缩小画笔直径进行边缘的涂抹，如图8-11所示。

Tips

如果擦掉了第一排食材的边缘像素，可以将"前景色"设定为黑色，在第一排食材边缘部位进行擦拭还原。

图8-11

放大照片，可以看到第二排食材的阴影与第一排食材的结合部分已经比较理想了，如图8-12所示。

图8-12

用同样的方法，将第三排食材照片拖动到前两个图层的上方，用与之前同样的方法创建黑色蒙版，如图8-13所示。

使用白色画笔对第三排食材进行擦拭，将其还原出来，这样我们就完成了三张素材的叠加合成，如图8-14所示。

图8-13

图8-14

要观察第二排食材擦拭的效果，可以按住键盘上的Alt+Shift组合键，然后单击相应图层的蒙版，就能看到正常像素显示的擦拭部分，以及以红色显示的未擦拭部分，如图8-15所示。

对于上方的第三排食材，也用同样的方法进行观察，如图8-16所示。

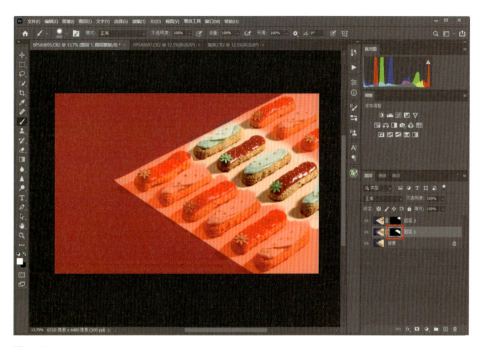

图8-15

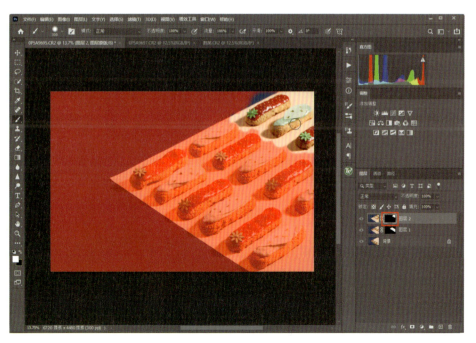

图8-16

8.3

背景线条精修

照片合成完毕之后，我们进行背景的精修。背景的精修涉及抠图以及瑕疵修复的操作，所以先按键盘上的Ctrl+Shift+Alt+E组合键盖印图层，如图8-17所示，然后对这个盖印的图层进行处理。

在工具栏中选择"多边形套索工具"，沿着背景纸的边缘进行勾选。勾选范围要精准，否则会对边缘处的投影产生影响。

具体的勾选位置如图8-18所示，建立选区。

图8-17

图8-18

因为后续我们要多次使用这个选区，所以展开"通道"面板，单击底部的"将选区存储为通道"按钮，为我们建立的选区创建一个通道蒙版，如图8-19所示，这样可以将选区保存下来。

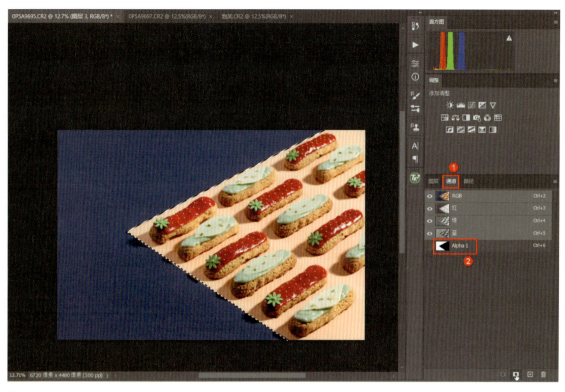

图8-19

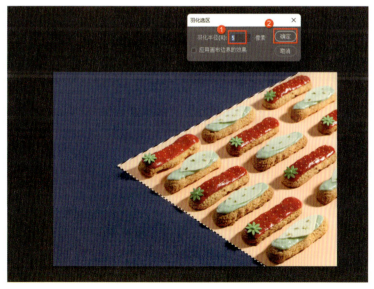

图8-20

单击回到"图层"面板，打开"羽化选区"对话框，设置"羽化半径"为"5"，然后单击"确定"按钮，如图8-20所示。

这个羽化半径值设置得比较高，因为我们要对背景纸的上边缘进行调整，而上边缘有一定虚化，所以羽化半径值可以设得大一些。

在工具栏中选择"仿制图章工具"，"画笔"的"不透明度"和"流量"均设定为"100%"，然后对背景纸的上边缘用仿制图章逐步点击，就可以将上边缘修整得非常整齐，如图8-21所示。

图8-21

对于选区内侧的背景纸部分，我们可以按键盘上的Ctrl+Shift+I组合键反选选区，然后同样借助"仿制图章工具"进行调整，如图8-22所示。

这样，就将背景纸边缘两侧都修复好了。

图8-22

完成上边缘的修复之后，上边缘的线条就非常干净、整洁了。

按Ctrl+D组合键取消选区，然后准备对背景纸的左下边缘进行调整。因为左下方的线条比较清晰，所以后续进行调整时，"羽化半径"值就不能太大。但其他修复方法与上边缘的调整是一样的。

首先切换到"通道"面板，按住键盘上的Ctrl键同时用鼠标左键单击下方我们所保存的通道蒙版的图标，这样可以载入这个通道模板的选区，如图8-23所示。

图8-23

图8-24

在工具栏中任意选择一种选区工具后，打开"羽化选区"对话框，在其中设定"羽化半径"值为"2"，然后单击"确定"按钮，如图8-24所示。这是因为左下方边缘线条比较硬朗，清晰度比较高，所以羽化值不宜过大。

接下来，虽然我们可以直接使用"仿制图章工具"对背景纸的左下边缘进行修饰，但是这里建议先创建一个空白图层。这是因为对左下边缘的修复可能会导致蓝色背景部分出现一些纹理的失真，所以我们将这个修复操作放在空白图层上进行，就不会破坏下方的像素图层。如果之后蓝色背景区域出现比较严重的纹理失真问题，我们可以借助没有被破坏纹理的下方图层进行修复。

接下来，用同样的方法对外边缘进行修复，如图8-25所示。

图8-25

再按键盘上的Ctrl+Shift+I组合键反选选区，对边缘内侧进行修复，如图8-26所示。

修复时一定要注意避免食材的阴影部分出现严重的错位和失真。

调整完成之后，按键盘上的Ctrl+D组合键取消选区。这时我们可以看到，无论是上边缘还是左下边缘，都非常干净、流畅，如图8-27所示。这样我们就完成了这个背景线条的初步调整。

我们知道，背景纸与底下的蓝色背景中间是有一定距离的，所以说背景纸的边缘应该有一个投影，这样才能显示出立体感，才能更加真实。但我们使用"仿制图章工具"调整后，背景纸边缘的投影也被修掉了，看起来不够真实。因此就需要制作背景纸的投影，让背景纸看起来更真实。

274

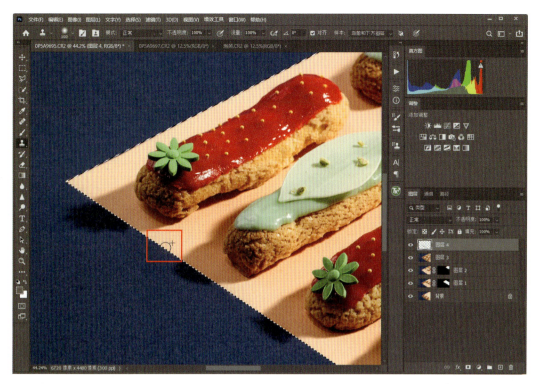

图8-26

图8-27

8.4
制作投影，营造立体感

首先创建一个空白图层，如图8-28所示。

然后展开"通道"面板，按住Ctrl键同时用鼠标左键单击下方的"通道"模板图标，这样可以再次载入选区，如图8-29所示。

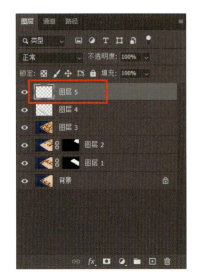

图8-28

图8-29

单击展开"图层"面板，设定"前景色"为黑色，按键盘上的Alt+Delete组合键为选区填充黑色，如图8-30所示。

按Ctrl+D组合键取消选区，再按键盘上的Ctrl+J组合键复制一个图层（此时依然是黑色的），然后按键盘上的Ctrl+I组合键对这个黑色图层进行反相，变为白色图层，如图8-31所示。

图8-30

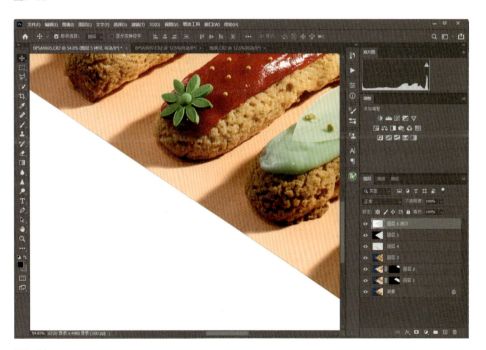

图8-31

单击选中上方的白背景这个图层，在工具栏中选择"移动工具"，按键盘上"向下"的箭头向下移动这个白色的背景，此时可以看到背景纸的下方出现了一个黑边，其实这就是我们制作的投影效果，如图8-32所示。

按住键盘上的Ctrl键同时单击上方的白背景图层，将这个白背景载入选区，然后再点掉白背景图层前的小眼睛图标，隐藏该图层，如图8-33所示。

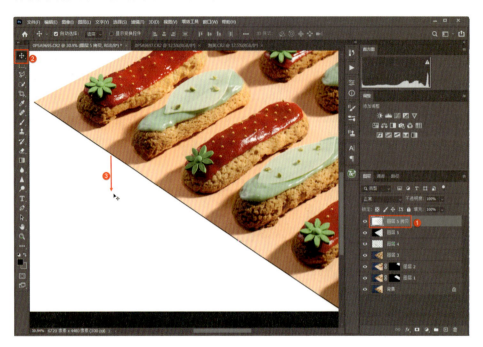

图8-32

图8-33

单击选中下方的黑背景图层，然后按键盘上的Delete键删掉这个黑背景图层的像素，这样就会露出下方的蓝背景信息，如图8-34所示。

图8-34

按键盘上的Ctrl+D组合键取消选区，这时，我们就可以看到背景纸下方、蓝背景的上方出现了一个黑色的投影，如图8-35所示。

此时投影的边缘线条过于生硬，不够真实、自然。依然选中图层5这个制作投影的图层，打开"高斯模糊"对话框，设定"模糊半径"为"2"，然后单击"确定"按钮，对这个投影进行一定的模糊处理后可以看到，这个投影的边缘就比较自然了，如图8-36所示。

图8-35

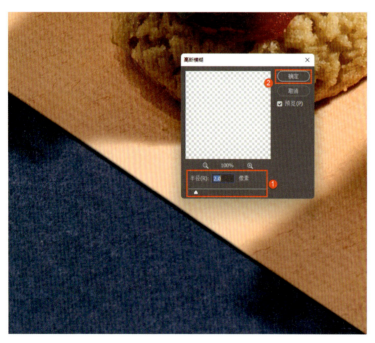

图8-36

8.5
追回阴影层次

此时，可以看到食材的一些投影位置比较黑，层次和细节不够理想。我们按键盘上的Ctrl+Alt+2组合键建立高光选区，如图8-37所示，然后按键盘上的Ctrl+Shift+I组合键进行反选，这样我们就选中了照片当中的中间调和阴影部分，如图8-38所示。

图8-37

图8-38

接下来，创建曲线调整图层，实际上就是针对中间调及阴影部分创建了一个曲线调整图层。我们向上拖动曲线，这样就提亮了中间调和阴影部分，如图8-39所示。

图8-39

按键盘上的Ctrl+G组合键为这个曲线调整图层创建一个图层组，然后按住键盘上的Alt键同时用鼠标左键单击"图层"面板下方的"创建图层蒙版"按钮，为图层组创建一个黑蒙版，这就相当于我们把中间调和阴影的提亮效果给遮挡住了，如图8-40所示。

之后，在工具栏中选择"画笔工具"，"前景色"设定为白色，"不透明度"设定为"50%"，按住鼠标左键并拖动，对照片当中的阴影部分进行擦拭，显示出阴影部分的提亮效果，如图8-41所示。

图8-40

图8-41

8.6

检查瑕疵疏漏

放大照片之后，我们发会发现食材的上方有一些光斑，还有一些小的瑕疵。我们在"图层"面板中单击鼠标
左键选中"图层3"这个盖印图层，然后在工具栏中选择"污点修复画笔工具"，点掉照片上的那些光斑和
瑕疵，如图8-42所示。

图8-42

8.7

统一色调并输出照片

照片整体变干净之后，我们继续观察，会发现食材上方的色调不是太统一，有的部分偏绿、偏青，有的部分发灰、发白。从图8-43中我们可以看出标出的部分色彩不够干净。

图8-43

创建曲线调整图层，向下拖动曲线进行压暗，如图8-44所示。

切换到红色曲线向下拖动，增加青色，这样就可以让发白、发灰的部分变得与原图的其他相似部分更协调，如图8-45所示。

图8-44

图8-45

按键盘上的Ctrl+I组合键将我们的调整效果遮挡起来，然后在工具栏中选择"画笔工具"，"前景色"设置为白色，"不透明度"设置为"50%"，按住鼠标左键并拖动，在发白、发灰的位置处进行涂抹。这样，这些发白、发灰的位置与其他相似区域的影调与色调就协调起来，如图8-46所示。

图8-46

至此，照片处理基本完成。

在保存照片之前，切换到"通道"面板，鼠标右键单击下方的通道蒙版，在弹出的快捷菜单中选择"删除通道"，把这个通道删除掉，如图8-47所示，最后再回到"图层"面板拼合图层，再将照片保存就可以了。

这样，我们就完成了这张照片的处理。

图8-47

第九章

果蔬摄影后期修图技巧

本章介绍果蔬类题材照片的后期技巧。我们掌握了人像、空间、美食等题材的后期技巧之后，对果蔬类这种题材的后期处理就会比较容易。因为这类后期，无非是对果蔬表面的一些斑点、黑点、反光点等进行修复，以及对一些暗部进行提亮、恢复层次和细节。另外，可能还需要对画面整体的色调和影调进行简单的优化。

本章我们将通过三个具体案例进行练习，帮助大家掌握果蔬题材的后期思路和技巧。

9.1

果蔬摄影后期修图案例1

首先来看案例1。这是一张主体是橙子的照片，原照片整体的色调比较平淡，画面影调层次有些发灰，不够立体；另外，橙子表面的反光点比较多，莲子表面有一些暗斑，远处的橙子表面有一些黑点，如图9-1所示。经过后期处理，可以看到反光点减少，黑点以及暗斑也被修复了，画面整体显得更有层次、更立体、更干净，如图9-2所示。

图9-1

图9-2

照片基本调整

下面来看具体处理过程。将RAW格式文件拖入Photoshop，文件会自动载入ACR，切换到"基本"面板。降低"高光"值，可以恢复受光线照射区域的层次和细节；提亮"阴影"值，可以恢复出暗部的层次和细节；降低"黑色"值，让照片最暗的位置足够黑，这样画面才会足够通透；提高"对比度"值，丰富照片的层次，如图9-3所示。

接下来稍稍提高"色温"值，让画面的暖调氛围更浓郁一些，如图9-4所示。最后单击"打开"按钮，将照片在Photoshop主界面中打开。

图9-3

图9-4

表面瑕疵修复

在处理之前按键盘上的CTRL+J组合键盖印图层，如图9-5所示。

可以看到图9-6中框选的区域中反光点比较多，莲子表面有一些暗斑和瑕疵，这些要在后期中进行修复。

图9-5

图9-6

在工具栏中选择"修复工具"，将这些暗斑、瑕疵勾掉，当然也可以使用"污点修复画笔工具"等进行修复，如图9-7所示。

图9-7

还可以使用"仿制图章工具"等进行修复。要注意的是，整个修复工作会比较烦琐，这里只标出了一部分待修复的反光点，并且只是提供一种思路，如图9-8所示。

图9-8

经过以上修复，我们可以看到橙子表面的反光点调整前后的效果。调整之前反光点比较多，如图9-9所示，调整之后反光点有所减少，如图9-10所示。

图9-9

图9-10

恢复高光细节

此时，橙子表面有一些高光区域的亮度非常高，损失了层次和细节，可以适当地进行压暗。具体操作是按键盘上的Ctrl+Alt+2组合键建立高光选区，如图9-11所示。按键盘上的Ctrl+J组合键将高光选区内的部分提取出来，作为一个单独的图层，将高光部分图层的"混合模式"改为"正片叠底"，可以看到高光部分被压暗，如图9-12所示。

图9-11

图9-12

并不是所有高光部分都需要大幅度压暗，所以我们为高光图层创建一个黑蒙版，然后在工具栏中选择"画笔工具"，将"前景色"设为白色，将"不透明度"降低到"40%"左右，缩小画笔直径，按住鼠标左键并拖动，在画面的高光位置进行涂抹，恢复出一定的压暗效果，但不要完全恢复出来，这样高光的压暗效果会更自然一些，如图9-13所示。

如果感觉压暗的幅度还是太大，那么可以稍稍降低蒙版的"不透明度"，让压暗效果更加自然一些，如图9-14所示。

图9-13

图9-14

对于照片当中疏漏的瑕疵部分，我们可以再次进行修复。在"图层"面板中单击选中之前复制的像素图层，在工具栏中选择"污点修复画笔工具"，缩小画笔直径，将这些黑点修掉即可，如图9-15所示。

图9-15

对于橙子左下方的反光点，可以以同样的方法修掉一些，如图9-16所示。

最后用鼠标右键单击某个图层的空白处，在弹出的菜单中选择"拼合图像"，如图9-17所示，将图层拼合起来，再将照片保存就可以了。

图9-16

图9-17

9.2

果蔬摄影后期修图案例2

接下来我们看第二个案例，这张照片的主体是葡萄。原照片中葡萄整体的色泽不是很理想，有一些偏青、偏灰；葡萄的背光面亮度不是太匀，显得散乱；葡萄表面有很多瑕疵，比如有没洗干净的污泥、黑点、暗斑等，如图9-18所示。

经过后期处理，可以看到画面整体以及葡萄自身的色调都变得更理想了，画质更干净、细节更丰富，如图9-19所示。

图9-18

图9-19

照片基本调整

下面来看具体的处理过程。将这张照片拖入Photoshop，因为是RAW格式文件，所以会自动载入ACR当中。切换到"基本"面板，稍稍提高"曝光"值，降低"高光"值，恢复亮部的层次和细节；提高"阴影"值，恢复暗部的层次和细节；降低"白色"值，避免高光部分出现严重的过曝；降低"黑色"值，让画面当中最黑的部分足够黑，这样画面才具有通透度；最后提高"对比度"值，丰富画面的影调层次，如图9-20所示。

稍稍提高照片的"色温"值，让画面的色调更温暖、更温馨。影调及色调调整完毕之后，单击"打开"按钮，如图9-21所示，进入Photoshop。

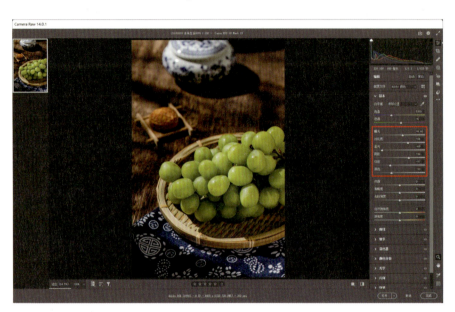

图9-20

图9-21

表面瑕疵修复

按键盘上的Ctrl+J组合键，复制一个图层出来，然后放大照片，可以看到葡萄上存在很多的黑点、暗斑，如图9-22所示。

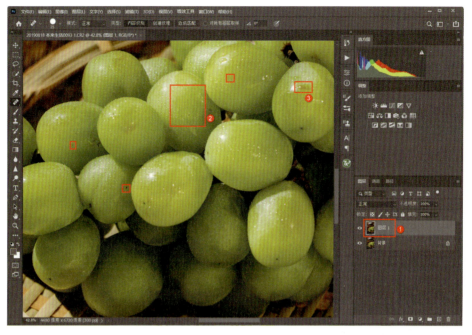

图9-22

图9-23

在工具栏中选择"污点修复画笔工具"，缩小画笔直径，点掉一些瑕疵，如图9-23所示。这里要注意的是，在每颗葡萄下端，它本身是有一个黑点的，这个点就不要修掉，如图9-24所示。

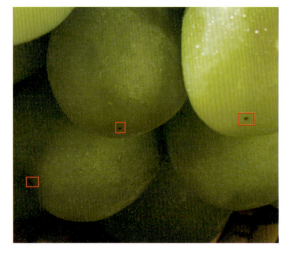

图9-24

可以看到原片瑕疵很多，如图9-25所示，修复之后，瑕疵明显少了，如图9-26所示。当然，画面中依然存在一些不干净的点，但是相比原图，整体已经比较干净了。

图9-25

图9-26

大面积瑕疵的粘贴修复

放大照片之后，可以看到中间的一颗葡萄上有一个非常明显的指纹，如图9-27所示。所以说，实际在拍摄准备工作中，在洗完果蔬进行摆放的时候，甚至洗果蔬的时候，应该戴比较薄的防水手套来进行操作，以避免将手印留在果蔬的表面。对于如此大的手印，我们如果使用"仿制图章工具""污点修复画笔工具""修补工具"等进行修补，都无法很好地恢复这颗葡萄表面的纹理。针对这种情况，我们通常使用覆盖的方式来进行修复，即用另外一颗葡萄表面的纹理来覆盖这颗葡萄。

下面来看具体操作。在工具栏中选择"套索工具"，勾选另外一颗葡萄的表面，如图9-28所示。

图9-27

图9-28

按键盘上的Ctrl+J组合键，把我们勾选的葡萄表面提取出来，作为一个单独的图层，在工具栏中选择"移动工具"，鼠标左键点住复制的这个纹理图层，将其拖动到有指纹的葡萄上将其遮挡住，如图9-29所示。

图9-29

遮挡住之后，我们发现葡萄的覆盖方向是有些问题的，因此按键盘上的Ctrl+T组合键，旋转我们所复制的这个葡萄纹理图层，让其与下方普通图层的方向协调一致，如图9-30所示。

图9-30

为我们复制并移动的这个葡萄表皮创建黑蒙版，将其遮挡起来，如图9-31所示。

在工具栏中选择"画笔工具"，将"前景色"设为白色，按住鼠标左键并拖动，在有指纹的位置进行涂抹擦拭，还原出移动过来的没有指纹的葡萄表皮，这样就遮挡住了有指纹的部分，如图9-32所示。

图9-31

图9-32

如果发现擦拭过度，露出了边缘一些比较生硬的痕迹，可以在工具栏中设定"前景色"为黑色，在边缘进行涂抹，将生硬的边缘遮挡起来，如图9-33所示。

粘贴的这部分表皮边缘到中间的过渡不够理想，对此可以创建一个曲线调整图层，向上拖动曲线进行提亮，然后单击"属性"面板下方的"剪切到图层"按钮，确保这个曲线调整是针对下方这个图层的，而非全图，如图9-34所示。

可以看到这个调整图层有一个向下指向的箭头，这表示该曲线调整图层只针对它下方的图层。

图9-33

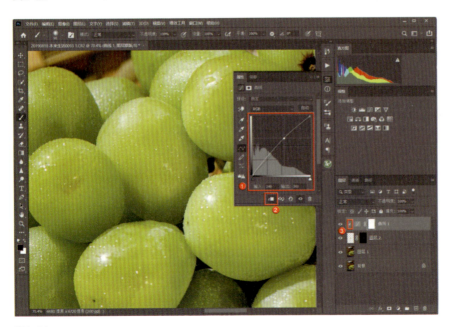

图9-34

在工具栏中选择"渐变工具"，将"前景色"设为黑色，将"背景色"设为白色，这样做是因为我们要调整的蒙版是一个白蒙版。

设定从黑到透明的渐变并设定为圆形渐变，然后按住鼠标左键并在我们粘贴的葡萄表皮四周进行拖动，这样就能够制作出明暗过渡的效果画面，这个步骤会让修复效果显得更加真实自然，如图9-35所示。

图9-35

高光与阴影的明暗协调

此时观察图中标注的位置，有些地方亮度非常高，另外一些则非常暗，跳跃比较大，影调过渡不够理想，如图9-36所示。

图9-36

这时，我们可以按住键盘的Ctrl+Alt+2组合键将高光区域提取出来，如图9-37所示。

点开"选择"菜单，选择"反选"，如图9-38所示，对选区进行反选。

图9-37

图9-38

这样我们就选择了照片当中的中间调以及暗部。创建曲线调整图层，向上拖动曲线，即提亮了照片当中的中间调以及暗部，如图9-39所示。

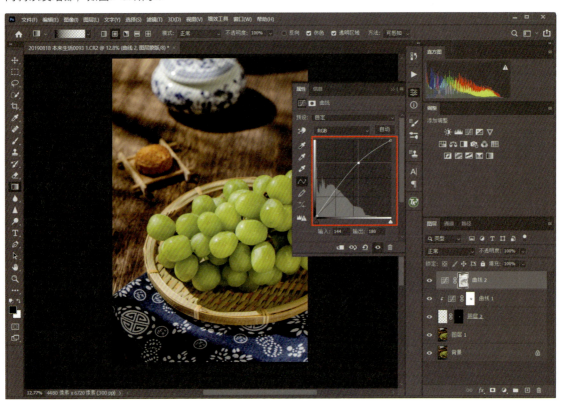

图9-39

实际上我们要提亮的主要就是葡萄的背光面的暗部，因此在工具栏中选择"渐变工具"，设定"前景色"为黑色，"背景色"为白色，选择从黑到透明的渐变，设定线性渐变，然后在照片当中按住鼠标左键并由四周向内拖动，隐藏四周的提亮效果，只显示出葡萄背光面的提亮效果，如图9-40所示。

此时如果感觉葡萄背光面提亮幅度依然过高，可以稍稍降低这个调整图层的"不透明度"，让提亮效果更自然，如图9-41所示。

图9-40

图9-41

对于葡萄背光面亮度过高的区域，可以进行压暗。创建曲线调整图层，向下拖动曲线，整体进行压暗，然后按键盘上的Ctrl+I组合键对蒙版进行反相，隐藏压暗效果，如图9-42所示。

图9-42

在工具栏中选择"画笔工具"，将"前景色"设为白色，降低"不透明度"到"50%"左右，缩小画笔直径，按住鼠标左键并拖动，在葡萄背光面亮度比较高的位置进行涂抹，把这些位置稍稍压暗一点，让这些区域与背光面其他区域的亮度更协调，如图9-43所示。

对于照片上漏掉的瑕疵，此时我们可以再次进行修复。首先在"图层"面板中单击选中我们复制的图层，在工具栏中选择"污点修复画笔工具"，缩小画笔直径，将这些疏漏的瑕疵部分修掉就可以了，如图9-44所示。

这样我们就完成了这张照片的调整，最后拼合图层，再将照片保存就可以了。

图9-43

图9-44

9.3

果蔬摄影后期修图案例3

来看第三个案例，这是一张主体是南瓜的照片。

原始照片暗部非常黑，主体亮度还可以，主体与暗部的明暗反差太大，影调过渡不够平滑、理想。另外，南

瓜表面有一些瑕疵，菜板上有一些划痕，如图9-45所示，对此我们需要进行一定的修饰和优化。经过调整，可以看到南瓜表面的瑕疵、木板上的划痕得到了修饰，画面整体变得干净很多；另外，从主体到四周环境的影调过渡变得更加平滑，照片整体效果更理想了，如图9-46所示。

图9-45

图9-46

照片基本调整

下面来看具体的处理过程。首先将照片拖入Photoshop，因为原文件是RAW格式，所以会自动载入ACR。

切换到"基本"面板，在其中降低"高光"值，恢复亮部的层次和细节；提亮"阴影"值，恢复暗部的层次和细节；降低"黑色"值，让照片当中最暗的部分足够黑，这样照片才足够通透；稍稍提高"曝光"值和"对比度"值，让照片整体更明亮一些，层次更丰富一些，如图9-47所示。

之后稍稍提高"色温"值，让画面的氛围更暖一些，如图9-48所示。最后单击"打开"按钮，将照片在Photoshop中打开。

图9-47

图9-48

局部调色

首先我们可以复制一个图层出来，然后观察照片，可以看到暗部提亮之后，照片当中一些背光区域的红色饱和度太高，干扰主体的表现力，如图9-49所示。

处理操作是非常简单的，只要创建一个色相/饱和度调整图层，在上方的"通道"当中选择"红色"，然后降低"红色"的"饱和度"，如图9-50所示。

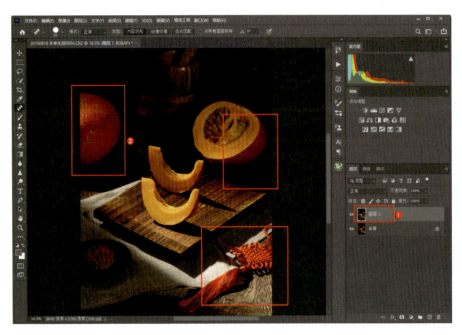

图9-49

图9-50

按键盘上的Ctrl+I组合键对蒙版进行反相，隐藏降低饱和度的效果，然后在工具栏中选择"画笔工具"，将"前景色"设为白色，"不透明度"和"流量"设定为"100%"，缩小画笔直径后在几处需要降低饱和度的位置进行涂抹，可以看到这几处降低饱和度的效果已经显示了出来，如图9-51所示。

如果饱和度降低幅度过大，色彩会显得有些脏，因此我们可以稍稍降低这个色相/饱和度调整图层的"不透明度"，让调整效果更自然一些，如图9-52所示。

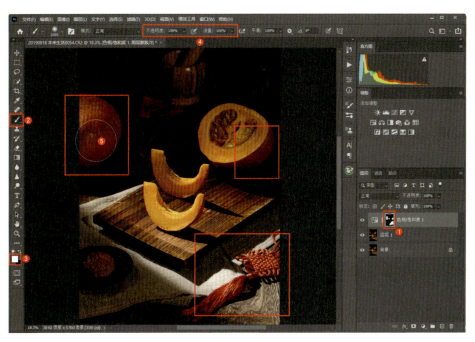

图9-51

图9-52

表面瑕疵修复

接下来我们进行瑕疵的修复。首先，在"图层"面板中单击选中我们复制的像素图层，然后在工具栏中选择"污点修复画笔工具"，调整画笔直径的大小，然后按住鼠标左键并拖动，在照片当中有瑕疵的位置进行涂抹，将这些瑕疵修掉，如图9-53所示。

当然，进行瑕疵修复时，我们可能除了要使用"污点修复画笔工具"，还可能要结合其他修补工具等进行修补。比如说，对于左侧的比较长的划痕，可以使用"修补工具"进行修补，这样效果会更理想一些，如图9-54所示。

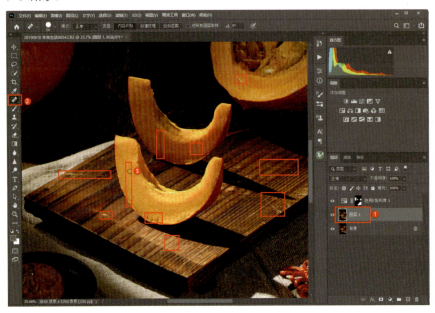

图9-53

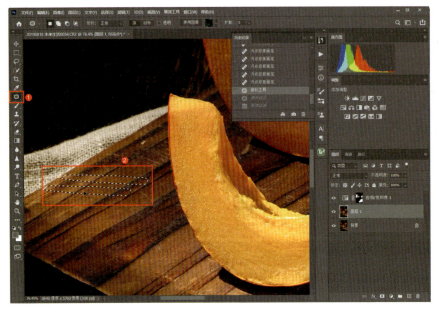

图9-54

右上方的南瓜表面的坑洞比较多，因此我们选择"污点修复画笔工具"，对这些空洞进行一定的修补，让南瓜表面显得更饱满一些，如图9-55所示。

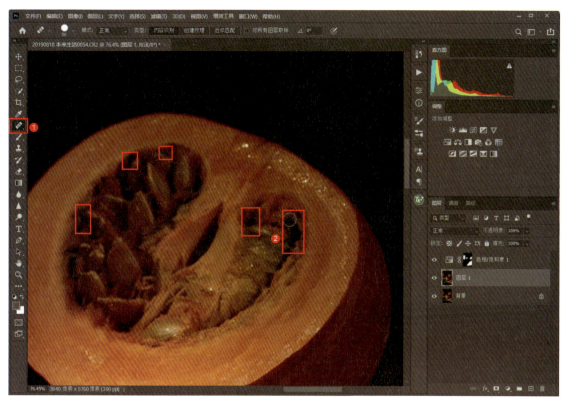

图9-55

此时再次观察，发现作为主体的南瓜表面比较灰暗，要进行提亮。创建曲线调整图层，向上拖动曲线进行提亮，然后再按键盘上的Ctrl+I组合键将蒙版进行反相，遮挡提亮效果，如图9-56所示。

在工具栏中选择"画笔工具"，将"前景色"设为白色，适当降低画笔的"不透明度"，将提亮效果擦拭出来。擦拭的区域主要是南瓜表面，让这部分显得更有光泽、更干净，如图9-57所示。

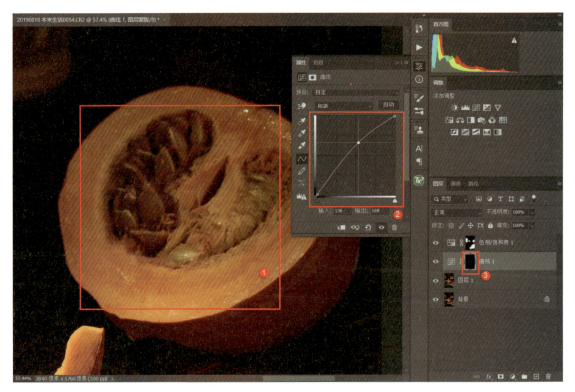

图9-56

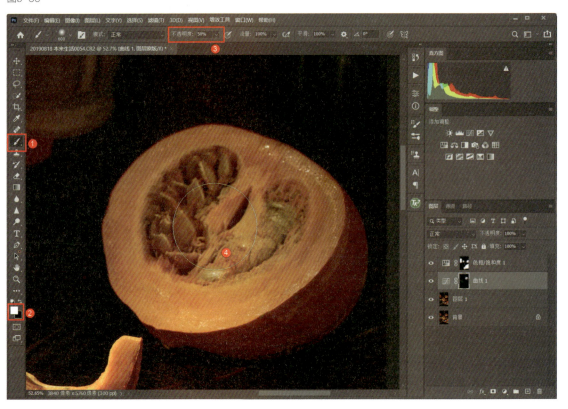

图9-57

局部偏色的校正

对于南瓜表面一些南瓜子色彩偏青绿的问题，我们可以创建曲线调整图层，选择"红色"通道，向上拖动红色曲线，可以看到，此时青绿的南瓜子色彩得到了校正，如图9-58所示。

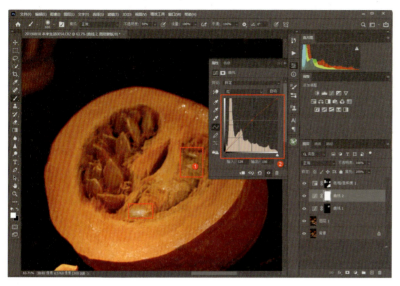

图9-58

之后，按键盘上的Ctrl+I组合键对蒙版进行反相，使之变为黑蒙版。在工具栏中选择"画笔工具"，将"前景色"设为白色，降低"不透明度"，按住鼠标左键并拖动，在南瓜子位置上进行涂抹，将我们的调色效果擦拭还原出来，使南瓜子部分与周边的色彩就会显得比较协调，如图9-59所示。

至此，这张照片调整完成，最后拼合图像，再将照片保存就可以了。

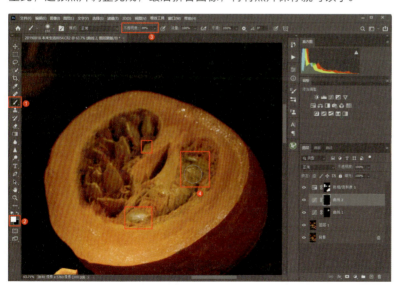

图9-59

第十章

冰块创意摄影
后期修图技巧

本章通过三个具体案例来介绍冰块创意效果照片的后期技巧。这三个案例中有明暗影调的调整，有光影分布的调整，还有色彩的调整。对于后期调整来说，主要思路是修饰照片当中的瑕疵；统一画面色彩；突出照片主体；对高光压暗，对暗部提亮，从而恢复这些区域的层次和细节。

本章的后期技巧，本质上与我们之前所介绍的那些题材没有太大区别。接下来我们就通过这三个具体案例的练习，帮助大家最终掌握这类创意题材的后期处理技巧。

10.1

三张素材照片的ACR综合调整

下面来看具体处理过程。首先全选这三张案例素材照片并拖入Photoshop，三张照片会同时载入ACR当中。

第一张照片的综合调整

在左侧胶片窗格中单击鼠标左键选中第一张照片，对第一张照片的影调进行基本的调整。主要是提高"曝光"值，让中间的主体部分亮度高一些；降低"高光"值，避免冰块明亮的受光部分出现曝光过度的问题，从而恢复高光处的层次细节；提高"阴影"值，让暗部呈现出足够的层次和细节；稍稍提高"对比度"值，丰富照片的层次；如图10-1所示。

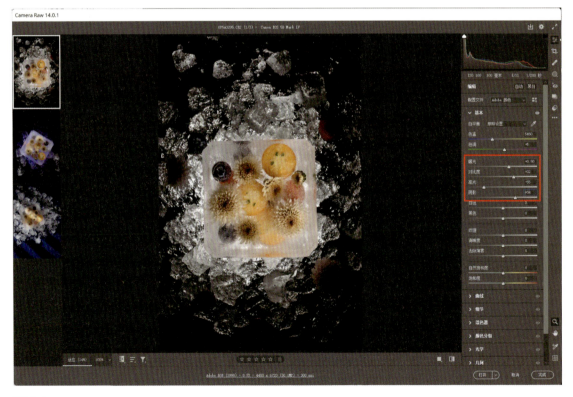

图10-1

接下来提高"纹理"值，然后放大照片并切换到对比视图，可以看到原图整体来说比较柔和，锐度不够，而在我们提高"纹理"值之后，画面的锐度变高，使整体更有质感，如图10-2所示。

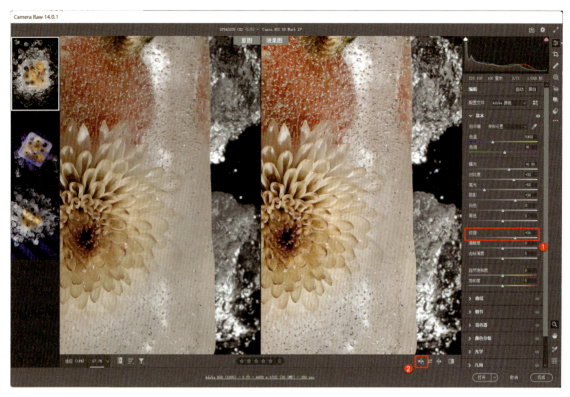

图10-2

这张照片当中，主体部分中一些水果、花朵受光面亮度不够，因而有些偏暗，需要提亮。我们可以在Photoshop中借助曲线调整图层进行提亮，或者也可以在ACR中借助"蒙版工具"进行提亮。

在右侧工具栏中单击选中"蒙版"，在打开的面板中单击选中"画笔"，如图10-3所示。

图10-3

将"画笔"的参数设定为提高"曝光"值，然后缩小画笔直径，按住鼠标左键并拖动，在冰块中间偏暗的果蔬、花朵上进行涂抹，对这些区域进行提亮，如图10-4所示。

这里要注意，因为冰块区域不同主体对象需要提亮的幅度是不同的，所以不能使用同样的参数对所有主体元素提亮，否则原本比较亮的部分会出现曝光过度的问题。

因此对于右下角这朵原本亮度比较高的花，我们可以新建一支画笔，并在"蒙版"面板中，不直接单击中间的"添加"按钮，而是单击上方的"创建新蒙版"这个按钮，然后再选择"画笔"，设定提高"曝光"值，来对这朵花进行提亮，如图10-5所示。这是因为这朵花原本亮度就比较高，所以与其他花朵提亮相比参数设置不宜太高。

图10-4

图10-5

可以看到，提亮之后，这朵花与冰块区域的其他主体的亮度就比较协调了，如图10-6所示。

图10-6

第二张照片的综合调整

对第一张照片进行了初步调整后，在胶片窗格中单击选中第二张照片。

我们发现这张照片四周，特别是左下和右下的边缘区域亮度有些高，干扰了画面中间区域主体的表现力，因此需要对这些亮度偏高区域进行压暗。

单击选择"蒙版"，选择"线性渐变"，如图10-7所示。调整参数，即降低"曝光"值，然后在照片的左下角按住鼠标左键并向内拖动制作渐变，以压暗左下角的边缘区域，如图10-8所示。

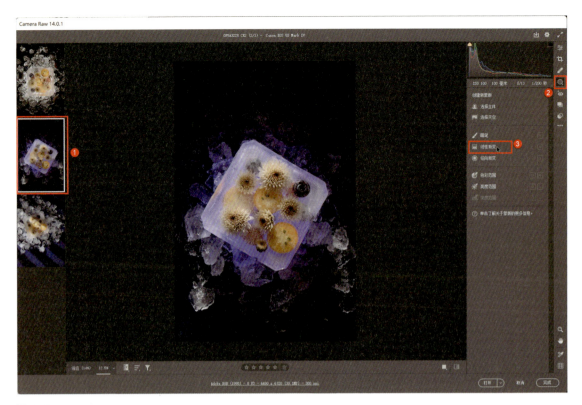

图10-7

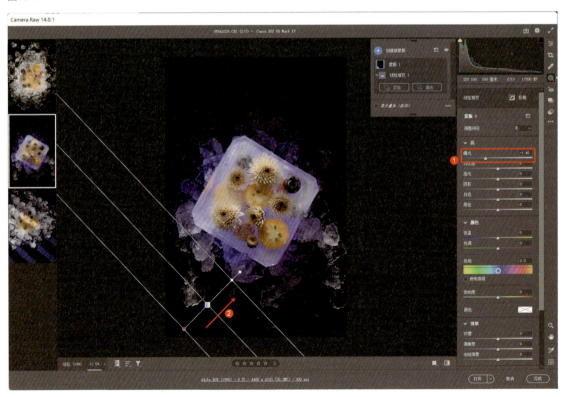

图10-8

接下来对右下角区域进行压暗处理。在右上角的"创建新蒙版"面板中单击"添加"按钮，在弹出的菜单中选择"线性渐变"，如图10-9所示。

用同样的方法，在画面的右下角按住鼠标左键并向内拖动制作渐变，将右下角区域的亮度压暗，如图10-10所示。

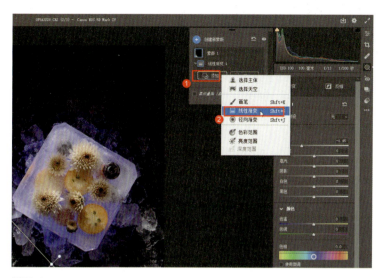

图10-9

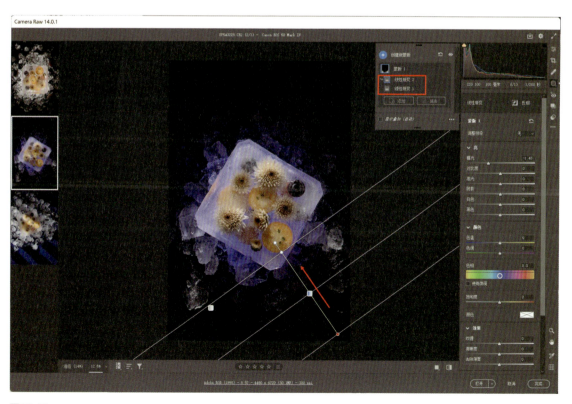

图10-10

之后回到"基本"面板对照片进行简单的处理，主要包括降低"高光"值，提高"曝光"值和"对比度"值，从而丰富照片的影调层次，如图10-11所示。

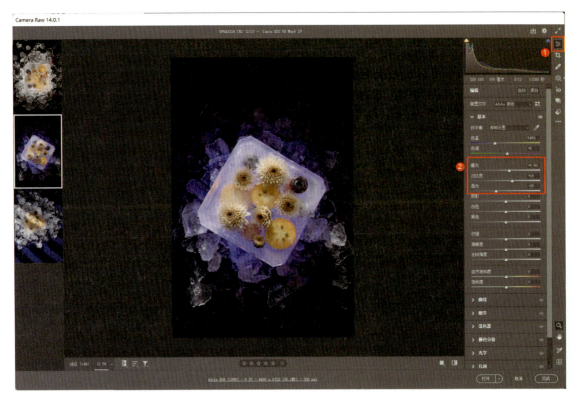

图10-11

此时观察第二张照片的主体部分，我们会发现主体的花朵以及果蔬表面亮度不匀，受光面亮度非常高，但是较为背光的一侧亮度非常低，显得画面主体部分不够干净。因此我们再次单击"蒙版"，创建新蒙版，在弹出的菜单中选择"画笔"，如图10-12所示。

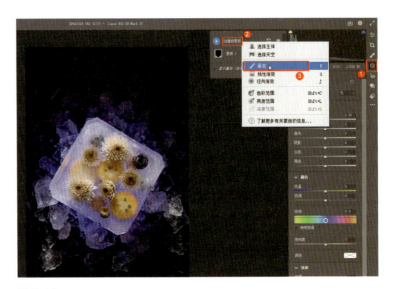

图10-12

提高"曝光"值，并且没必要提得太高，然后用画笔在主体表面亮度不够的位置上进行涂抹，让整个主体的亮度更均匀，如图10-13所示。

之后打开"混色器"面板，在"色相"子面板中，稍稍降低"蓝色"和"紫色"值，避免原照片中蓝色和紫色过重，可以看到此时的画面色彩更加准确，也更通透，如图10-14所示。

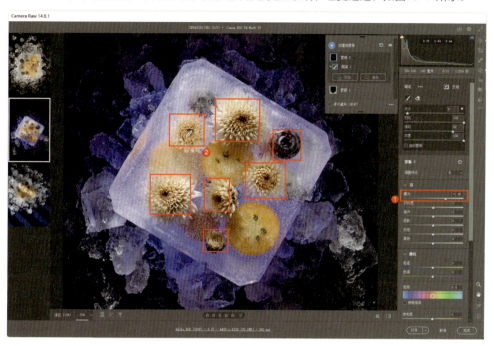

图10-13

图10-14

第三张照片的综合调整

在胶片窗格当中，单击切换到第三张照片，并将右侧面板切换到"基本"面板。对以下参数进行调整：降低"高光"值，避免高光溢出；提亮"阴影"值，恢复暗部的层次和细节；提高"对比度"值，丰富照片的影调层次；提高"纹理"值，增强画面的清晰度和质感；如图10-15所示。

对于主体表面亮度过低的花朵和果蔬，同样创建调整"画笔"并对这些比较暗的区域进行涂抹提亮，让主体表面的亮度更高，并且整体的亮度更均匀，如图10-16所示。

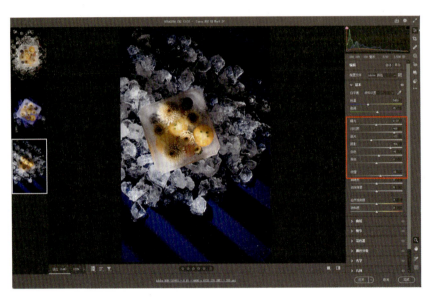

图10-15

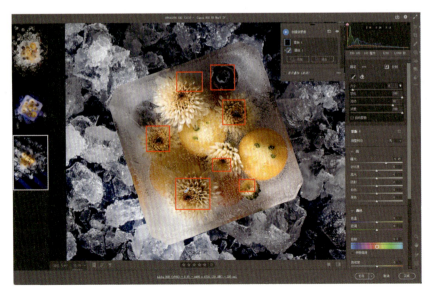

图10-16

当画面中出现四周亮度过高的问题时，我们可以创建一个"线性渐变"，按住鼠标左键并由四周向中间拖动，对四周的边角进行压暗。

这里要注意，针对本案例，压暗仅在左下、右下和右上三个区域进行操作，左上角则不进行压暗，这是因为光线是由左上角射进来的，左上角亮度稍稍高一些才会比较自然，如图10-17所示。

在胶片窗格中全选三张照片，然后单击"打开"按钮，如图10-18所示，这样可以将三张照片同时载入Photoshop以进行后续的后期处理。

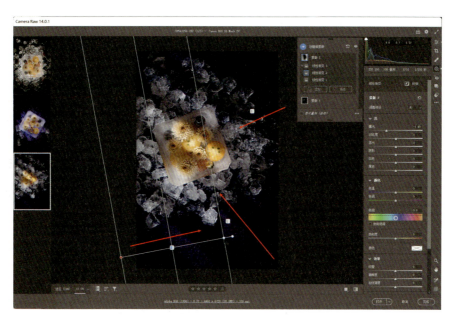

图10-17

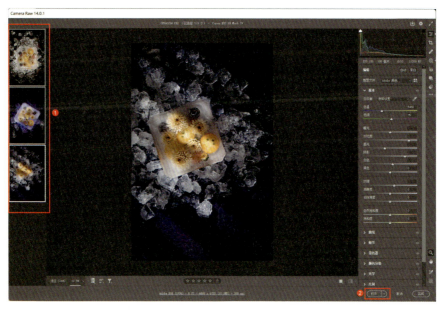

图10-18

10.2
冰块创意摄影后期修图案例1

首先来看第一个案例。原图中作为视觉中心的主体部分比较灰,暗部层次不够理想,并且作为视觉中心的部分色感不够浓郁,如图10-19所示。经过后期处理,可以看到主体部分比较明亮,细节比较完整,画面整体也干净了很多,如图10-20所示。

图10-19

图10-20

第一张照片的光源是由中间向四周投射的，四周冰块外的花朵和果蔬的受光面亮度不够，需要稍稍进行提亮。

我们按键盘上的Ctrl+Alt+2组合键建立高光选区，如图10-21所示。

创建曲线调整图层，向上拖动曲线进行提亮，如图10-22所示。

图10-21

图10-22

按键盘上的Ctrl+G组合键为提亮图层创建一个图层组，然后为这个图层组添加一个黑蒙版，遮挡提亮效果。在工具栏中选择"画笔工具"，设定"前景色"为白色，"不透明度"和"流量"为100%，然后按住鼠标左键并拖动，在四周果蔬和花朵的受光面进行涂抹，还原出这些部分的提亮效果。

这样，四周的这些果蔬和花朵就会呈现出足够好的立体感，如图10-23所示。

对于当前画面色感比较弱的问题，我们可以创建一个色相/饱和度调整图层，稍稍提高"饱和度"的值，以加强画面的色感，如图10-24所示。

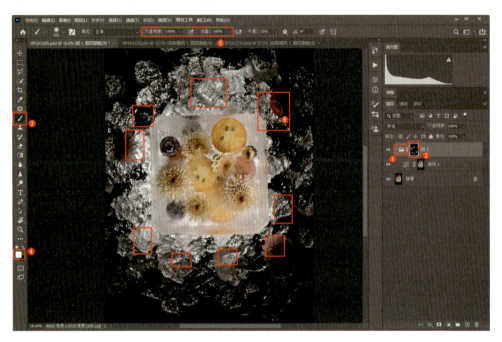

图10-23

图10-24

对于冰面的那些瑕疵,我们可以在"图层"面板中单击背景图层,如图10-25所示,然后按键盘上的Ctrl+J组合键复制一个图层出来,如图10-26所示。

图10-25　　　　　　　　　图10-26

放大照片可以看到画面中有很多瑕疵。我们在工具栏中选择"修补工具""污点修复工具""画笔工具"等对这些瑕疵进行修复,如图10-27~图10-29所示。

图10-27

图10-28

图10-29

修复之后，我们可以先点掉复制的图层前的小眼睛，隐藏这个图层，显示出原片效果，如图10-30所示；然后再点出小眼睛，显示出这个图层，如图10-31所示。可以看到瑕疵修复前后照片的变化还是很大的，修复之后的画面明显更干净、细腻了。

图10-30

图10-31

对于花朵表面受光位置与背光位置对比不够强烈的问题，我们可以先创建一个曲线调整图层，向上拖动曲线进行提亮，然后对蒙版进行反相隐藏提亮效果，接下来选择"画笔工具"，将"前景色"设为白色，降低画笔的"不透明度"后在花朵的受光面进行涂抹提亮，如图10-32所示。

对于花朵的背光面，我们则进行压暗的调整。主要是创建曲线调整图层并进行压暗，然后反相蒙版，再用白色画笔在花朵的背光面进行涂抹，也就是压暗这些背光面。

这样，花朵的立体感就更强了，如图10-33所示。

图10-32

图10-33

隐藏然后再显示用于提亮和压暗的曲线调整图层（如图10-34和图10-35所示），可以观察主体表面的变化。

图10-34

图10-35

之后做最终检查，对于画面上的发光点、脏点，可以单击选中复制的像素图层后，借助"修补工具"将这些瑕疵修掉，如图10-36所示。

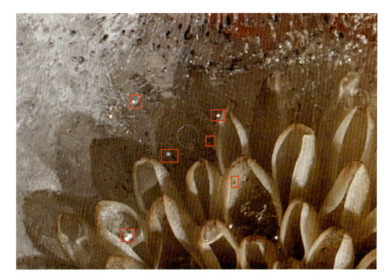

图10-36

这样，照片的调整完成。最后我们将照片存储为PSD格式就可以了，如图10-37所示。当然，如果要做最终的输出，则还需要存储为JPG格式。

图10-37

10.3

冰块创意摄影后期修图案例2

再来看第二张照片调整之前和调整之后的差别。原片中瑕疵过多，画面色彩不够统一，如图10-38所示；调整之后，可以看到照片画质更加细腻，细节更加完整，而且四周的色彩与中间的冷色调也更加协调，如图10-39所示。

图10-38

图10-39

下面来看具体处理过程。首先单击第二张照片的标题，将这张照片激活，如图10-40所示，以便进行后续的调整。

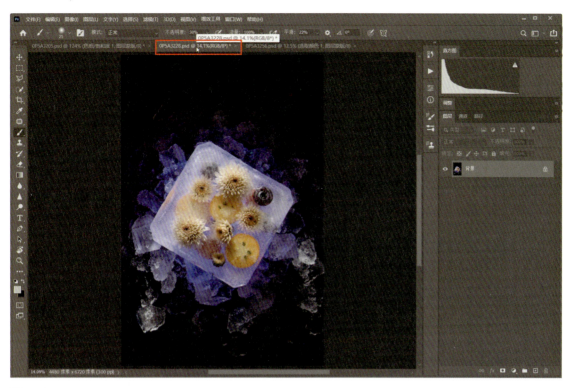

图10-40

放大照片之后，可以看到照片上有很多的脏点、反光点，如图10-41所示。

图10-41

另外这张照片四周有丢色的问题。可以看到画面下方的一些区域没有覆盖上蓝光，这属于丢色，导致这些区域与上方区域的色彩不够统一，画面因此显得不够干净、协调，如图10-42所示。

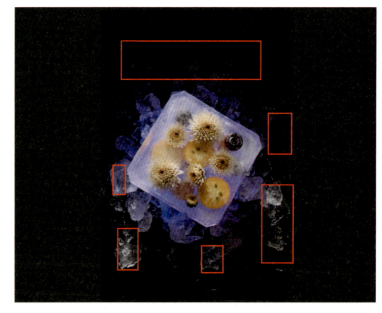

图10-42

我们创建一个曲线调整图层，切换到蓝色曲线并向上拖动曲线，为画面整体渲染蓝色调，这样，下方丢色的冰块会被渲染上蓝色，如图10-43所示。

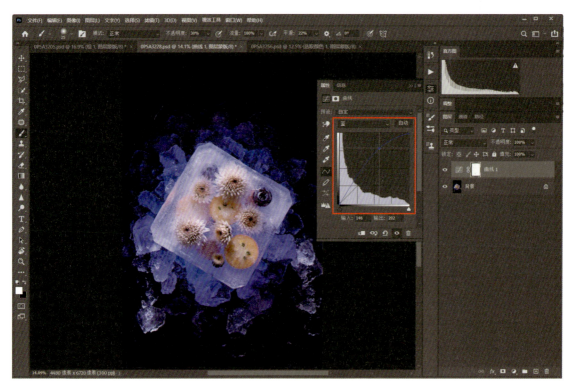

图10-43

按键盘上的Ctrl+I组合键对蒙版进行反相，隐藏调整效果。

之后，在工具栏中选择"画笔工具"，将"前景色"设为白色，然后用画笔在下方的丢色位置以及画面上方不够蓝的位置进行涂抹，还原出这些位置的蓝色效果，如图10-44所示。这样画面整体的色调就会变得干净很多。

此时画面四周亮度过高，因此创建曲线调整图层，将曲线向下拖动，对照片进行压暗，然后对蒙版进行反相，隐藏压暗效果，如图10-45所示。

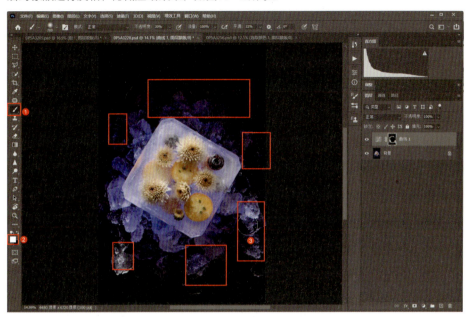

图10-44

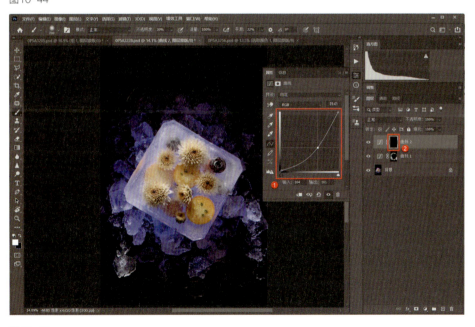

图10-45

选择"渐变工具",设定"前景色"为白色,"背景色"为黑色,设定"线性渐变",按住鼠标左键并由四周向画面内侧拖动鼠标,还原出四周的压暗效果,如图10-46所示。

此时可以看到中间的主体上有一些受光部分亮度特别高,这些地方也应该稍稍压暗,使其与主体的其他区域过渡更柔和。因此,在工具栏中选择"画笔工具",在亮度过高的位置上进行涂抹,借助之前暗角调整的参数将这些高光区域的亮度压暗,从而让这些区域与其他区域的亮度协调起来,如图10-47所示。

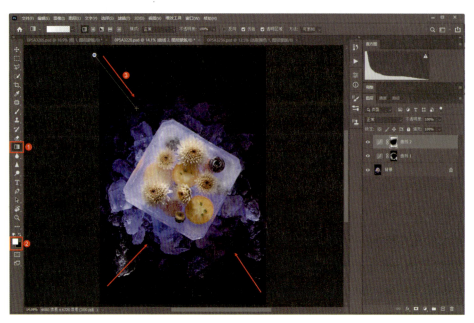

图10-46

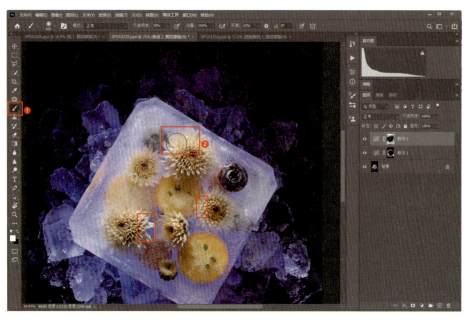

图10-47

对于照片当中有些区域蓝色饱和度过高的问题，我们可以创建一个可选颜色调整图层，选择"蓝色"，如图
10-48所示。

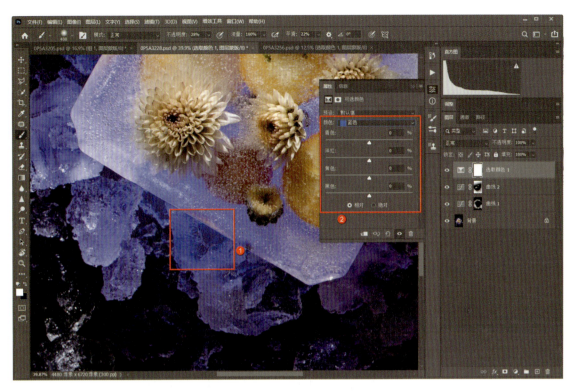

图10-48

提高"黄色"的比例，即，相当
于减少蓝色。可以看到调整之
后，这些蓝色饱和度过高的区域
与周边的色彩更加协调了，如图
10-49所示。

至此，照片调整完毕，最后将照
片保存就可以了。

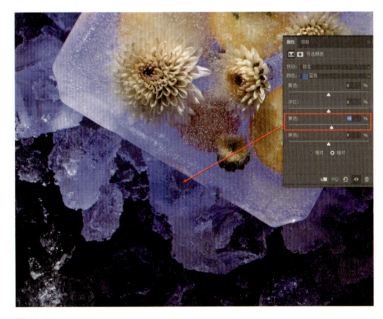

图10-49

10.4

冰块创意摄影后期修图案例3

再来看第三个案例照片，原图与效果图分别如图10-50和图10-51所示。我们可以非常清晰地看到，调整之后的画面更有质感，细节更加丰富，色感也更好。

图10-50

图10-51

下面就来看看具体的调整过程。首先单击第三张照片的标题，将这张照片激活，以便进行后续的处理，如图10-52所示。

对于高光位置亮度过高的问题，我们可以创建一个曲线调整图层，向下拖动曲线进行压暗，然后对蒙版进行反相，隐藏压暗效果，如图10-53所示。

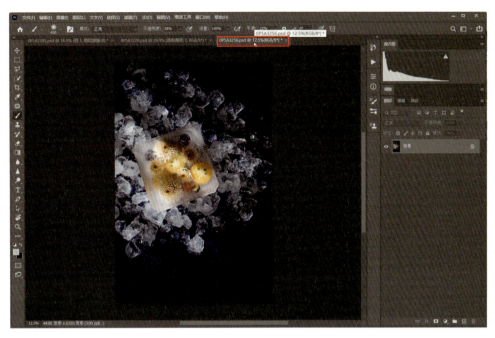

图10-52

图10-53

在工具栏中选择"画笔工具"，设定"前景色"为白色，按住鼠标左键并拖动，在高光位置进行涂抹，将高光位置适当压暗，如图10-54所示。

对于斜向的阴影不够黑的问题，我们可以再创建一个曲线调整图层，向下拖动曲线进行压暗，然后对蒙版进行反相，如图10-55所示。

图10-54

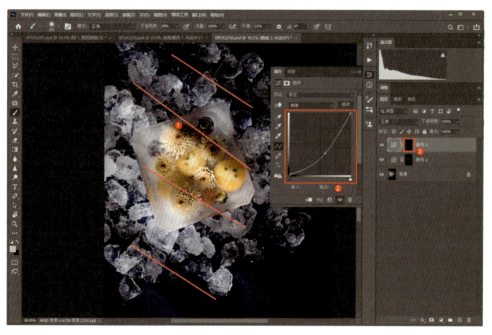

图10-55

依然是使用白色画笔，适当放大画笔直径，对这些阴影部分进行涂抹，以对这些位置进一步压暗，让对比更明显，如图10-56所示。

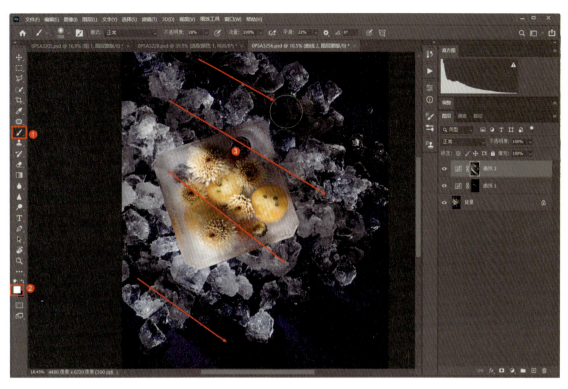

图10-56

对于受光线照射的亮度过高的冰块，也可以使用画笔进行简单涂抹，将这些区域的亮度稍稍压暗，以便与其他受光区域的冰块的亮度更加协调，如图10-57所示。

图10-57

针对受光线照射的果蔬及花朵部分色彩过于偏黄的问题，我们可以创建一个可选颜色调整图层，选择"红色"，稍稍降低"青色"的比例，让主体部分更红润一些，如图10-58所示。

图10-58

图10-59

之后放大照片，可以看到冰块表面脏点、划痕等依然比较多，如图10-59所示。

在"图层"面板中单击选中背景像素图层，再对这些瑕疵进行修复即可。

这样我们就完成了这张照片的后期处理，最后将照片保存就可以了。